U0313813

普通高等教育"十四五"规划教材

工程热力学与传热学

李喜宝　冯志军　黄军同　主编

北　京

冶 金 工 业 出 版 社

2023

内 容 提 要

本书共分为11章，主要介绍了工程热力学与传热学的基本理论、基本概念、基本定律和基本分析方法等，每章末均附有复习思考与练习题。本书注重教学与科学性的融合，突出理论联系实际。

本书可作为高等院校的材料工程、能源动力、航空航天、机械、化工及相关类专业的教材或教学参考书，也可供相关领域工作的广大科研人员、工程技术人员和管理人员阅读参考。

图书在版编目（CIP）数据

工程热力学与传热学/李喜宝，冯志军，黄军同主编 . —北京：冶金工业出版社，2023.8

普通高等教育"十四五"规划教材

ISBN 978-7-5024-9554-1

Ⅰ.①工… Ⅱ.①李… ②冯… ③黄… Ⅲ.①工程热力学—高等学校—教材 ②工程传热学—高等学校—教材 Ⅳ.①TK123 ②TK124

中国国家版本馆 CIP 数据核字（2023）第 119571 号

工程热力学与传热学

出版发行	冶金工业出版社	电　话	（010）64027926
地　址	北京市东城区嵩祝院北巷 39 号	邮　编	100009
网　址	www.mip1953.com	电子信箱	service@mip1953.com

责任编辑　王　双　美术编辑　吕欣童　版式设计　郑小利
责任校对　梅雨晴　责任印制　窦　唯
三河市双峰印刷装订有限公司印刷
2023 年 8 月第 1 版，2023 年 8 月第 1 次印刷
787mm×1092mm　1/16；10 印张；237 千字；147 页
定价 48.00 元

投稿电话　（010）64027932　投稿信箱　tougao@cnmip.com.cn
营销中心电话　（010）64044283
冶金工业出版社天猫旗舰店　yjgycbs.tmall.com
（本书如有印装质量问题，本社营销中心负责退换）

前　言

本书以工程材料及新能源科学与工程的核心选择为出发点，以工程热力学和传热学为纲领，有机整合所涉及的各种能量转换与传递的主线予以阐述，注重教学与科学性的融合，突出理论联系实际。其主要目的是使学生获得有关热力学与传热学的基本理论、基本概念、基本定律和研究问题的基本分析方法，为后续课程打下良好的基础，并从中获得解决实际工程技术问题的能力。

本书涉及的内容较广，适用面较宽，且图文并茂，各章配有相应的理论结合工程实际的例题、习题，有利于提高学生的工程实践能力。全书共11章，分别为：第1章绪论，第2章热力学基本概念及第一定律，第3章理想气体的性质和热力过程，第4章热力学第二定律，第5章水蒸气与湿空气，第6章动力循环和制冷循环，第7章传热基本方式及传热问题的研究方法，第8章导热，第9章对流换热，第10章辐射换热与综合传热，第11章传热过程与换热器。本书可作为高等院校的材料类、能源动力类、航空类、机械类及化工类教材，也可作为相关工程技术人员的参考书。

本书由南昌航空大学李喜宝、冯志军、黄军同担任主编，由李喜宝拟定全书内容编写大纲并负责统稿、定稿。全书各章节编写分工如下：第1~3章由冯志军编写；第4~5章由黄军同编写；第6~11章由李喜宝编写。沈诗诗、李思贤、苏瑶、曾海军也参加了部分内容的编写。

在本书的编写过程中，作者参阅了相关的参考文献，在此对所有参考文献的作者表示衷心的感谢。

由于编者水平所限，书中不妥之处，敬请广大读者批评指正。

作　者
2022 年 12 月

目　　录

1 绪　　论

热力学是研究物质系统在热平衡时的性质、能量平衡关系，以及热平衡状态发生变化时系统与外界相互作用的科学技术。它的任务是研究能量转换，特别是热能转化成机械能的规律与方法，以及提高转化效率的途径。传热学是研究热量传递规律的科学，它的任务是研究温差存在时的热能传递规律，分析单位时间传递热量的规律，探求热量传递过程的物理本质。

本章简要介绍能量与能源、工程热力学与传热学的研究内容与研究方法，以便于学生从宏观上了解工程热力学和传热学的研究对象、基本任务、主要内容和研究方法使之作为后续章节中能够联系实际进行热力学和传热学分析的基础。

1.1　能量与能源

1.1.1　能量

能量是物质运动转换的量度，世界万物是不断运动的，在物质的一切属性中，运动是最基本的属性，其他属性都是运动的具体表现。能量是表征物理系统做功的本领的量度。能量以多种不同的形式存在。按照物质运动形式的不同分类，能量可分为核能、机械能、化学能、内能（热能）、电能、辐射能、光能、生物能等。

1.1.2　能源

能源是提供能量的物质。地球上能源有 3 个初始来源：（1）来自地球以外的天体，主要是太阳，包括直接的太阳辐射能和由太阳辐射能转化而来的煤炭、石油、天然气、生物燃料、风能、水能、海流能、波浪能等；（2）来自地球本身，即源于核能和地热能；（3）来自地球与其他天体的相互作用，主要是潮汐能。以上这些直接存在于自然界的未经加工转化的能源，称作一次能源，也叫初级能源。其他如电力、氢气、沼气、煤气、汽油、激光、酒精等由一次能源直接或间接转化而来的能源，被称作二次能源。

根据能否再生，一次能源又可分为可再生能源和非再生能源。可再生能源是指不会随着人类利用而减少、具有天然自我恢复能力的能源。非再生能源则不然，其储量有限，会越用越少，最后终将枯竭。

根据各种能源的开发利用情况和在社会经济生活中的地位，习惯上又将能源分为常规能源和新能源。常规能源是指技术上比较成熟、已被广泛利用的能源，新能源是指尚未大规模利用、正在积极研究和开发的能源。新能源和常规能源是相对而言的。图 1-1 所示为当前的能源分类。

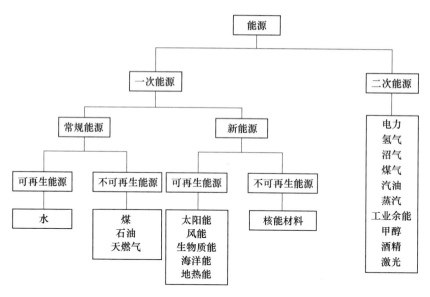

图 1-1 　能源分类

长期以来，化石燃料一直是世界能源结构的主体。由于不断开发和利用，这些非再生能源的储量日益减少。能源的利用，特别是化石燃料的大量利用，已经对人类赖以生存的自然界构成严重威胁，人类正面临能源与环境的双重挑战。

要想妥善解决能源与环境问题，需要从两方面入手：一是合理利用现有能源；二是积极开发和利用各种新能源和可再生能源。两者并举，完成能源结构向新能源和可再生能源的过渡和转换，最终解决能源问题并消除环境污染产生的根源。

目前，新能源主要是指太阳能、风能、生物质能、海洋能、地热能和核能。

地球上大部分能源都直接或间接地来自太阳能，比如煤炭、石油等化石能源都是由太阳能转换而来的。一般所说的太阳能仅指直接利用的太阳辐射能。太阳能是巨大的能量。计算表明，每秒钟太阳辐射到达地球的能量，相当于 500 万吨煤燃烧所放出的能量。太阳能是一种清洁的可再生能源，分布广泛，不需运输，取之不尽，用之不竭。但是太阳能的能量密度低，并且由于受到昼夜、季节等因素的影响而具有间断性和不均匀性。随着太阳能的运用规模和范围越来越大，逐渐成为能源结构的重要组成部分。太阳能的利用主要包括光热利用和光电利用。

太阳能光热利用就是将太阳辐射能转换为热能而进行利用。收集和吸收太阳辐射能的装置称作太阳能集热器，它是实现太阳能光热利用的基本装置。太阳能光电利用是通过光伏效应将太阳能直接转变为电能加以利用。

太阳能具有间断性和不稳定性，因此需要对通过太阳能产生的新能源进行有效储能，通常采用蓄电池或者与其他发电方式一起构成互补复合发电系统。如将太阳能发电和水力发电组合，当太阳能充足时用多余电力将水提到高处，在太阳能不足时用水力发电来补充。再如将太阳能发电与氢能发电组合，用多余的太阳能电力电解水制氢或利用光化学制氢，作为储备能源。

风能是因空气流做功而提供给人类的一种可利用的能量，属于可再生能源。人们可以用风车把风的动能转化为旋转的动力去推动发电机产生电力，方法是通过传动轴，将转子（由以空气动力推动的扇叶组成）的旋转动力传送至发电机。风能资源的总储量巨大，一年中技术可开发的能量约 $5.3 \times 10^{13} kW \cdot h$。风能是可再生的清洁能源，储量大、分布广，但它的能量密度低（只有水能的 1/800），且不稳定。在一定的技术条件下，风能可作为一种重要的能源得到开发利用。

生物质能是自然界中有生命的植物提供的能量，这些植物以生物质作为媒介储存太阳能，属于可再生能源。当前较为有效地利用生物质能的方式有：（1）制取沼气。主要是利用城乡有机垃圾、秸秆、水、人畜粪便，通过厌氧消化产生可燃气体甲烷，供生活、生产之用。（2）利用生物质制取醇类（主要是甲醇和乙醇）燃料。

海洋能指依附在海水中的可再生能源，海洋通过各种物理过程接收、储存和散发能量，这些能量以潮汐能、波浪能、温差能、盐差能、海流能等形式存在于海洋之中。潮汐能是海水受月球和太阳的引力作用而发生周期性涨落所具有的能量。潮汐能的强度和潮头数量和落差有关。通常潮头落差大于 3m 的潮汐就具有产能利用价值。潮汐能主要用于发电。波浪能是指由风和重力作用而形成的海水波浪所具有的能。通过某种装置将波浪能转换为机械能、气压能或液压能，然后通过传动结构和发电机将波浪能转化为电能。波浪能主要用于发电，同时也可用于输送和抽运水、供暖、海水脱盐和制造氢气。海水温差能是指海洋表层海水和深层海水之间水温差的热能，是海洋能的一种重要形式。温差能的主要利用方式为发电。盐差能是指海水和淡水之间或两种含盐浓度不同的海水之间的化学电位差能，是以化学能形态出现的海洋能。盐差能是海洋能中能量密度最大的一种可再生能源。在海洋表层（高温热源）和深层（低温热源）之间安装热机，可以将温差能转变为机械能，进而通过发电装置转变为电能。海流能主要是指海底水道和海峡中较为稳定的流动，以及由于潮汐导致的有规律的海水流动所产生的能量，是另一种以动能形态出现的海洋能。海流能的利用方式主要是发电，其原理和风力发电相似。

地热能是地球内部蕴藏的热能。地热能的利用可分为地热发电和直接利用两大类。地热发电的原理与蒸汽动力发电相同，但省去了后者的锅炉和相应的燃料消耗。高温（>100℃）地热流体应首先应用于发电。低温地热流体一般直接利用，主要有采暖、空调、工业烘干、农业温室、水产养殖、旅游疗养等。

核能是源于核结构发生变化时放出的能量。核能的获得主要有两种途径，即：重原子核的核裂变和轻原子核的核聚变。物质所具有的核能比化学能要大几百万倍以上，如 1kg ^{235}U 全部裂变产生的核能相当于 2500t 优质煤燃烧放出的热量。

氢能是人们梦寐以求的新型二次能源。氢能利用的方式主要有以下几种：（1）氢能发电。氢为燃料组成氢氧发电机组或氢-氧燃料电池是氢能发电的主要方式；（2）作为汽车、飞机、舰艇等的动力机械能源或用于产生热能以取代化石燃料；（3）作为储存和输运能量的载体，氢能是含能体能源，有良好的输运和转换性，是极好的储能介质。

我国能源资源十分丰富，但由于人口众多，人均能源占有量仅为世界平均水平的一半。此外，我国能源工业还比较落后，能源产量有限，加上工业现代化水平较低，以致当前能源供需矛盾十分突出。随着我国国民经济的发展和人民生活水平的提高，能源需求将越来越大。因此开发和节约能源、合理与有效地利用能源将是我国一个长期的战略任务。

人们从自然界中获取能量的方式主要是热能。据统计，在我国通过热能形式被利用的能源占90%以上。因此，能源的利用主要是指热能的利用，热能的有效利用是能源利用的核心。进而，工程热力学和传热学是能源动力类专业所必修的一门重要专业技术基础课程。

1.2　工程热力学与传热学的内容与方法

1.2.1　工程热力学的内容与方法

工程热力学是热力学最先发展起来的一个分支，主要研究的是热能与机械能和其他形式能量相互转换的规律及其应用。

工程热力学的主要内容包括：

（1）研究热力学的基本定律——热力学第一定律和热力学第二定律。这是工程热力学的理论基础。其中，热力学第一定律给出了热能与机械能相互转换时的数量关系；热力学第二定律指出了能量转换的方向性，并由此说明热能与机械能之间存在着质的差别，应用这两个定律可以从量和质两方面综合地研究热力设备中的能量转换。

（2）研究工质的热物理性质。热力设备中的能量转换是借助于工质来完成的，故研究热力设备中的能量转换必须掌握工质的基本热力性质。

（3）研究各种热力设备中的能量转换过程。应用热力学基本定律，分析计算工质在热力设备中所经历的状态变化过程和循环过程，并在此基础上进一步分析影响能量转换效率的因素，探讨提高转换效率的途径。

工程热力学主要采用宏观的研究方法，即通过宏观的物理现象，如压力、温度、体积等外在表现和吸热、放热、膨胀、压缩等整体行为，总结出有关热现象的基本规律，推导出能量之间的转换关系及其他一些重要结论。研究中虽不涉及物质的内部结构和微观粒子的运动，但必要时也利用微观理论的某些结论来分析和解释宏观热现象的物理本质。

1.2.2　传热学的研究内容和研究方法

传热学研究热量传递规律。热量可自发地由高温物体向低温物体传递，所以只要存在温差，就存在热量传递。由于自然界和生产过程中温差到处存在，因此热量传递是一种很普遍的现象。

传热学的主要研究内容有两个方面：一是热量传递的三种基本方式（热传导、热对流和热辐射）、基本规律和计算方法；二是如何控制和优化传热过程，将能量传递过程中的损失降到最低。

传热学主要采用理论分析、数值模拟，以及实验研究相结合的研究方法。

复习思考与练习题

1-1 什么是工程热力学，其主要作用是什么？

1-2 什么是传热学，其主要作用是什么？

1-3 能源如何分类，新能源有哪些，我国的新能源利用情况如何？

1-4 为何要学习这门课程？

1-5 工程热力学的主要研究对象是什么，应该怎样学习工程热力学？

1-6 传热学的主要研究对象是什么，应该怎样学习传热学？

2 热力学基本概念及第一定律

理解工程热力学中的基本概念是工程热力学研究的基础，而学会热力学的分析方法并用来解决工程实际问题同样十分重要。

能量守恒和转换定律是自然界中最普遍、最基本的定律之一。将能量守恒定律应用于热现象的能量转换过程即称为热力学第一定律，可表述为：热能和机械能在转移或转换时，能量的总量必定守恒。根据热力学第一定律建立起来的能量方程，在各种热力学的分析和计算中有广泛的应用。分析热力学过程，选取热力系统十分重要，同一现象选取不同的热力系统，系统与外界之间的能量关系也不同，由此建立起来的能量方程也各不相同。因此，虽然热力学第一定律在大学物理和物理化学中已经介绍过，但要真正理解、掌握并正确应用却不是一件容易的事。本章的目的不是简单地重复已学过的知识，而是通过分析热力系统的能量，讨论热力学第一定律的实质及其表达式来加深对热力学第一定律的理解，扩大知识面，从而培养正确识别各种不同形式能量的能力，并根据实际问题建立具体能量方程，以及应用基本概念、基本定律解决实际工程问题的能力。

2.1　热力系统和工质

2.1.1　热力系统

做任何分析研究，首先必须明确研究对象。与力学中取分离体一样，为分析问题方便起见，热力学中常把分析的对象从周围物体中分割出来，研究它与周围物体之间的能量和物质的传递。热力系统就是具体指定的热力学研究对象。与热力系统有相互作用的周围物体统称为外界，系统和外界之间的分界面称作边界。边界可以是真实的（图 2-1 和图 2-2 中取气体工质为热力系统时，气缸内壁和活塞内壁可以认为是真实存在的边界）；又可以是假想的（图 2-2 中进口截面和出口截面便是假想的边界）；可以是固定的，也可以是变动的（图 2-1 中当活塞移动时边界发生变化）。

热力系的选取，取决于所选取的研究任务。它可以是一群物体、一个物体或物体的其中一部分。它可以很大，也可以很小，但是不能小到只包含少量的分子，以至不能遵守统计平均规律（热力学理论的正确性有赖于分子运动的统计平均规律，而这一规律只存在于大量分子现象中）。

在作热力学分析时，既要考虑热力系内部的变化，也要考虑热力系通过边界和外界发生的能量交换和物质交换。

按照系统与外界之间相互作用的具体情况，可以对热力系统进行分类，见表 2-1。

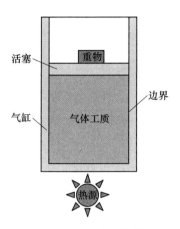

图 2-1 闭口系统示意图

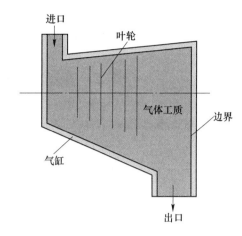

图 2-2 开口系统示意图

表 2-1 热力系统的分类

划分依据	热力名称	热力系表现
热力系内部组成	单元系	由单一的化学成分组成
	多元系	由多种化学成分组成
	单相系	由单一相（如气相或液相）组成
	复相系	由多种相（如气、液两相或气、液、固三相）组成
	均匀系	各部分性质均匀一致
	非均匀系	各部分性质不均匀
热力系和外界之间能量和物质交换	闭口系	和外界无物质交换
	开口系	和外界有物质交换
	绝热系	和外界无热量交换
	孤立系	和外界既无热量交换也无物质交换

　　例如，取图 2-1 中的气体工质（比如说氮气）为热力系，那么它是单元、单相、均匀的闭口系；如果取图 2-2 中的气体工质为热力系并忽略和外界的热量交换，那么它是单元、单相、绝热的开口系。

　　绝热系与孤立系都是热力学抽象的概念，自然界不存在真正的绝热系，也不存在绝对的孤立系，因为自然界没有完全绝热的物质，也不存在绝对孤立的物体。工程热力学研究的许多热力系、绝热系统或孤立系存在显著的近似性。这种科学的假定和抽象，为热力系研究带来很大的方便。

2.1.2 工质

　　能量转换必须通过物质来实现。在工程热力学中，实现能量传递与转换的物质称为工质，工质是实现能量转换不可缺少的内部条件。比如，航空发动机的工质是燃油，太阳能热发电的工质是水蒸气。

从理论上讲，固、液、气三态物质都可以作为工质。但是，为使能量转换有效而且迅速，在热力学中通常选择有良好的流动性和膨胀性气态物质作为工质。

2.2　系统的热力状态和状态参数

2.2.1　热力状态

为了对系统中能量转换的情况进行分析，首先要对系统的热力状态进行描述。系统在某一瞬时的宏观物理状况称为系统的热力状态，简称状态。为简化对状态的描述，工程热力学一般只对平衡态进行分析研究。

2.2.2　热力学平衡态

平衡态指在不受外界影响的条件下，系统的宏观性质不随时间改变的状态。

比如冷、热程度不同的两个物体相互接触，构成一个系统。热物体会自动变冷，冷物体将变热，直到两物体冷热程度达到均匀一致为止。这时如果没有外界影响，系统的状态将长久保持下去，系统处于热平衡。又如，一个封闭容器系统内，中间用隔板分成两部分，其中一部分充满温度为 T_1、压强为 p_1 的空气，另一部分充满温度为 T_2、压强为 p_2 的空气。抽去隔板，两部分的空气立即相互混合，直到各处的温度、压强均匀一致为止。此后，若无外界影响，容器中的空气将长久保持在这一状态。这时系统处于平衡态，且同时处于热平衡和力平衡。

对于不发生化学反应的系统，同时具备系统各部分之间没有热量传递的热平衡和没有相对位移的力平衡，我们就称系统处于热力学平衡态。处于热力学平衡态的系统，其内部温度和压强处处相等，并且对应于系统的每一个平衡态，有且只有一个压强和一个温度。

应该指出，所谓不受外界影响，是指外界对系统不做功，也不传热。没有外界影响和不随时间变化是平衡态必不可少的两个基本条件。不能把平衡态简单地说成是不随时间变化的状态，也不能说成是外界条件不变的状态。

平衡态是热力学的一个重要基本概念，工程热力学只讨论处于平衡态的系统。本书中除特殊说明外，所提到的系统的状态均指平衡态。

2.2.3　状态参数

描述工质所处状态的宏观物理量称为系统状态参数，简称状态参数。对处于平衡态的任一系统，只需要很少几个确定的状态参数，就可以确切地描述系统的宏观状态。热力学中常见的状态参数有温度、压强、比容、内能、焓和熵等。

状态参数的数值由系统的状态唯一确定，是状态的单值函数。系统状态发生变化时，状态参数也将全部或部分地发生变化，且状态参数的变化量只与初、终状态有关，与状态变化经历的途径无关。热力学中还有一类参数，其变化量不仅与系统的初终状态有关，还与变化的过程和途径有关，因而称为路径参数，或过程参数。功和热量就是这类参数的例子。

热力状态参数按其与系统质量的关系，可分为强度量和尺度量。与质量无关的称为强度量，如压强 p、温度 T 等，强度量不具有可加性。与质量成比例的量称为尺度量，如容积 V、内能 U、焓 H、熵 S 等，尺度量是可加量，即随着质量的增加而增加。系统的总尺度量是系统各部分尺度量之和。尺度量除以质量可以转化为强度量。转化后的强度量，在其对应的尺度量名称前冠以"比"字，并用相应的小写字母表示，如比容 v、比内能 u、比焓 h 和比熵 s 等。因此，在公式中常用单位质量的强度量来代替对应的尺度量。

2.2.4 基本状态参数

温度、压强、比容可以直接用仪表测定，称为基本状态参数。

2.2.4.1 压强

单位面积表面上所受的垂直作用力称为压强，以符号 p 表示。根据分子运动理论，气体的压强是大量气体分子撞击容器壁面所产生的平均效果。若气体作用在面积为 A 器壁面上的垂直作用力为 F，则壁面上的压强为：

$$p = F/A \tag{2-1}$$

国际单位制中，压强的单位用 $Pa（N/m^2）$ 表示，称为帕斯卡。工程上 Pa 的单位太小，常采用 MPa（兆帕）、kPa（千帕）和 bar（巴）来表示，即

$$1MPa = 1 \times 10^6 Pa \qquad 1kPa = 1 \times 10^3 Pa \qquad 1bar = 1 \times 10^5 Pa$$

工程上也常用大气压、液柱高度等表示压强的大小，比如标准大气压（atm，又称物理大气压）、工程大气压（at）、千克力（kgf/cm^2）、毫米水柱（mmH_2O）、毫米汞柱（mmHg）等。它们之间的关系是：

$$1mmHg = 133.3Pa, \quad 1mmH_2O = 9.8Pa$$

$$1at = 1kgf/cm^2 = 10^4 kgf/m^2 = 9.8 \times 10^4 Pa$$

$$1atm = 1.01325 \times 10^5 Pa = 1.03323at = 760mmHg = 10.33mH_2O$$

系统的压强常用各种测压计来测定，并以大气压强 p_b 作为测量的基准。一般情况下，容器内系统的实际压强称为绝对压强，以 p 表示。测压计测出的不是绝对压强，而是气体的绝对压强与当地大气压强的差值，是一个相对压强，如图 2-3 所示。当容器内气体的实际压强大于大气压强时，测压计上的读数为正，测压计称为压强表，其读数称为表压强，以 p_g 表示，则：

$$p = p_b + p_g \tag{2-2}$$

当容器内气体的实际压强低于大气压强时，测压计上的读数为负，此时测压计称为真空表，其读数的绝对值称为真空度，以 p_v 表示，则：

$$p = p_b - p_v \tag{2-3}$$

显然真空度越高，绝对压强越低。

绝对压强、大气压强和表压强、真空度之间的关系如图 2-3 所示。因为大气压强的数值会随时间和地点而变，所以测压计测得的数值会因大气压强的改变而改变。因此只有绝对压强反映系统的真实压强，才能作为系统的状态参数。如果没有特殊说明，本书中的压强均指绝对压强。

在工程计算中为简便起见，常把大气压 p_b 近似为 0.1MPa，这在较高压强的计算中误差很小。但在计算低压强，特别是在计算真空度时，就会引起较大的误差，这一点应当注意。

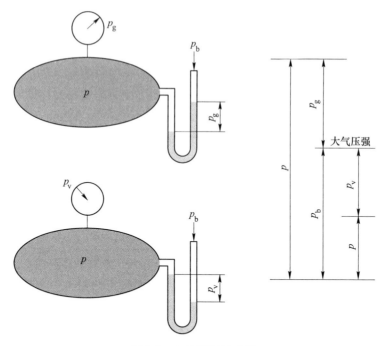

图 2-3　各种压强关系图

例题 2-1　某辅助锅炉产生蒸汽的表压强为 13bar，凝汽器中的真空度为 710mmHg，当时大气压强为 735mmHg，试计算两设备的绝对压强（用国际单位表示）。

解：由题知，大气压强：

$$p_b = 735/760 \times 1.01325 \times 10^5 \, \text{Pa} = 0.98 \times 10^5 \, \text{Pa}$$

锅炉的表压强：

$$p_g = 13 \text{bar} = 13 \times 10^5 \, \text{Pa}$$

凝汽器的真空度：

$$p_v = 710/760 \times 1.01325 \times 10^5 \, \text{Pa} = 0.95 \times 10^5 \, \text{Pa}$$

所以，锅炉中的绝对压强：

$$p_1 = p_b + p_g = 0.98 \times 10^5 \, \text{Pa} + 13 \times 10^5 \, \text{Pa} = 13.98 \times 10^5 \, \text{Pa} \approx 1.4 \text{MPa}$$

凝汽器中的绝对压强：

$$p_2 = p_b - p_v = 0.98 \times 10^5 \, \text{Pa} - 0.95 \times 10^5 \, \text{Pa} = 0.03 \times 10^5 \, \text{Pa} = 3 \, \text{kPa}$$

2.2.4.2　温度

温度是物体冷热程度的标志。按照分子热运动理论，对于气态工质，温度是大量气体分子平均移动动能的量度。分子运动越剧烈，气体分子平均移动动能越大，温度就越高；反之则越低。因此，温度的微观本质是物体内部分子和原子不规则热运动的度量。

当两个温度不同的物体相互接触时，它们之间将发生热量传递。经过一段时间后，两者温度相等，它们之间就不再有热量传递，达到一个共同的热平衡状态。这一事实导致了热力学第零定律的建立。热力学第零定律表述为：如果两个物体中的每一个都分别与第三个物体处于热平衡，则这两个物体也必处于热平衡。其中第三个物体可用作温度计。温度概念的建立及温度的测定都是以热力学第零定律为依据的。当温度计与被测物体到热平衡时，温度计指示的温度就是被测物体的温度。

温度的数值表示法称为温标。国际单位制采用热力学温标作为测量温度的最基本温标。热力学温标确定的温度称为热力学温度，用符号 T 表示，单位为 K（开尔文）。它是以纯水的三相点（纯水的固、液、气三相平衡共存的状态点）为热力学温标的基准点，并规定其温度为 273.16K。

与热力学温标并用的还有热力学摄氏温标，简称摄氏温标。摄氏温度由热力学温度移动到零点来获得，用符号 t 表示，单位为℃（摄氏度）。其定义为：

$$t = T - 273.15 \tag{2-4}$$

摄氏温度 0℃（标准大气压下水的冰点）相当于热力学温度 273.15K。水的三相点（大气压为 610Pa）温度为 0.01℃。

在英制系统中，还常使用华氏温标，用符号 t 表示，单位为℉（华氏度）。

三种温标之间的换算关系为：

$$t(℉) = \frac{9}{5}t(℃) + 32 \tag{2-5}$$

$$t(℃) = \frac{5}{9}(t(℉) - 32) \tag{2-6}$$

$$T(K) = t(℃) + 273.15 \tag{2-7}$$

例如，若摄氏温度为 40℃，则华氏温度为 $t(℉) = \frac{9}{5} \times 40 + 32 = 104℉$；若华氏温度为 100℉，则摄氏温度 $t(℃) = \frac{5}{9}(100-32) = 37.78℃$，绝对温度 $T(K) = 37.78 + 273.15 = 310.93K$。

2.2.4.3 比体积和密度

一定质量的工质所占有的空间称为工质的体积，用 V 表示，单位是 m^3。单位质量工质占有的体积称为比体积，用 v 表示，单位是 m^3/kg。若工质质量为 $m(kg)$，体积为 $V(m^3)$，则其比体积为：

$$v = V/m \tag{2-8}$$

比体积的倒数为密度。密度的定义为单位体积的工质所具有的质量，用 ρ 表示，单位为 kg/m^3。

$$\rho = m/V = 1/v \tag{2-9}$$

比体积和密度都是说明工质在某一状态下分子疏密程度的物理量，都可以作为工质的状态参数。在工程热力学中通常以比体积作为状态参数。

2.3 状态方程与状态参数坐标图

热力系统的平衡状态可以用状态参数来描述，各个状态参数分别从不同的角度描述系统状态的某种特性。当系统与外界有相互作用、状态发生改变时，状态参数会发生相应的变化。比如对气缸中的气体进行压缩，不仅工质的体积要缩小，而且工质的温度、压强也随之改变。可见，各个状态参数以一定的函数方式互相制约。表示基本状态参数之间函数关系的方程就称为状态方程。

对于由一种均匀的、化学成分恒定的纯物质组成的简单热力系，如果只与外界进行热能和机械能的交换，经验证明，该系统只有两个独立的状态参数。换言之，p、v、T 三个基本状态参数中，知道其中任意两个，就可以求出第三个，其中任意一个状态参数均可表示为另外两个参数的函数，即可以表示为：

$$p = f(v,\ T),\ v = f(p,\ T),\ T = f(p,\ v) \text{ 或 } f(p,\ v,\ T) = 0$$

状态方程通常由实验确定，也可由理论推导求得。比如理想气体的状态方程 $pv = RT$ 就是其中的一个特例。

既然简单热力系的平衡状态可由任意两个参数确定，就可以用两个参数组成的状态参数坐标图来描述和分析其状态和状态变化。热力学中，经常采用的状态参数坐标图有压容图（p-v）、温熵图（T-s）和焓熵图（h-s）等。在图 2-4 所示的 p-v 图中，系统的某个平衡态，对应于坐标图上的一点，如点 1（p_1，v_1）、点 2（p_2，v_2）；反之图上一点，代表了一个平衡态。只有平衡态才能表示在状态参数坐标图上，非平衡态的状态参数没有确定的值，无法在图上表示。

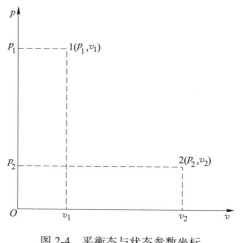

图 2-4　平衡态与状态参数坐标

2.4　热力过程及其描述

2.4.1　热力过程

一个处于平衡态的热力学系统，如果没有外界影响必将永远保持平衡状态，这时系统具有确定的状态参数。一旦系统与外界发生了相互作用，比如接受了外界的功，系统原有的平衡受到破坏，就会发生状态的变化。这时系统经历了一个热力学过程。系统从一个状态变化到另一个状态所经历的全部状态称为热力过程，简称过程。它实质上是一系列状态点组成的轨迹。

2.4.2　准静态过程

平衡状态不会自发地发生变化，只有在外界条件改变的情况下才会随之改变，而在实际的热力过程中，由于各种因素的影响，系统内部的状态往往不是统一改变的比如对容器内的气体加热过程，一般是靠近容器壁面的气体温度先升高，容器中心位置的气体温度则后升高，直到系统与外界形成热量交换的动态平衡时，系统内部各点的参数才逐渐一致，从而形成新的平衡。显然，这个过程中的一系列中间状态无法确定，不是平衡态。为便于研究分析，在此提出准静态过程的概念。

所谓准静态过程，是指系统从初始平衡态变化到终了平衡态的过程中，所经历的每一中间状态都可看作平衡态，这样的过程称为准静态过程，又称为准平衡过程。

准静态过程是一种理想过程。因为状态的变化意味着系统原平衡态的破坏，系统不会直接从原有平衡态变成一个新的平衡态，而是需要一段恢复到新平衡态的阶段和时间。假设在状态变化的过程中，平衡态的每一次被破坏，都离平衡态非常近，而状态变化的速度（即破坏平衡的速度）又远远小于工质内部分子的运动速度（恢复平衡的速度）。这样在状态变化的每一瞬间，系统都可以迅速恢复平衡而处于平衡态，也就是说，工质内部各点的状态参数随时都保持均匀一致。

比如，对于图 2-5（a）所示的气缸活塞机构，要将气缸内气体的压强由 p_2 增至 p_1。我们将一粒一粒沙子慢慢地加到活塞上，活塞则一点一点下移，直到所加的压强达到 p_1。由于每一次所加的力很小，这个过程非常缓慢，我们可以认为每加一粒沙子系统都能迅速地恢复平衡，达到新的平衡态。这个过程可以认为是准静态过程。又如，柴油机的实际压缩或膨胀过程，由于活塞运动的速度仅为每秒几米，而气体中压力波的速度为声速，其恢复平衡的速度（压力波）远远大于破坏平衡的速度（活塞运动），因此也可以看作准静态过程。

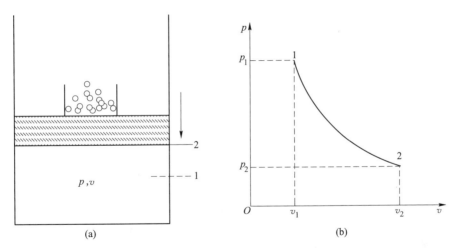

图 2-5 准静态过程（a）及其在 p-v 图上的表示（b）

2.4.3 可逆过程

在工质进行完一个热力过程以后，如果能使工质沿着相同的路径，逆行回到原来的初始状态，并且系统和外界也全部都恢复到原来的状态而不留下任何改变，这样的过程称为可逆过程；反之，则称为不可逆过程。需要注意，这里讲的可逆过程是指开始的那个热力过程，即由初状态到末状态的过程，而不是指从初状态到末状态，又从末状态回到初状态的整个过程。

可逆过程要求在过程中不能有任何摩擦之类的能量损耗，因为这样的损耗是不能双向进行的。比如在气缸中压缩气体，活塞与气缸壁之间不能存在摩擦力，这样可以用一定的力压缩气体，也可让气体以一定的力将活塞推回原来的位置；反之，如果存在摩擦力，则不论气体压缩还是膨胀都要克服摩擦力做功，并转变成热，使外界的温度升高，从而回不到原来的状态。因此，摩擦是过程的不可逆因素之一。同样可逆过程要求在过程中不能有传热温差。传热温差的存在，是造成过程不可逆的又一个主要因素。

实现可逆过程必须满足下列条件：

（1）系统状态所经历的过程必须是准静态过程；

（2）系统中不存在摩擦、温差传热等耗散效应，即没有任何能量的不可逆损耗。

实际上，严格的可逆过程是不存在的，一切实际过程都是不可逆过程。因为没有温差就不能传热，要完全避免摩擦就不能有机械运动，所以可逆过程是理想化的过程。因为可逆过程的能量损耗为零，所以理论上将热量转变成功的量最多，它表示了一种极限，即所能达到的最高效率。在热力学问题中，实际过程可以做到非常接近于一个可逆过程。

准静态过程和可逆过程都由一系列的平衡态组成，都能在状态参数坐标图上用一条连续曲线表示出来，并用热力学的方法进行分析。但两者是有区别的，准静态过程只要系统本身总是处于平衡状态即可，而可逆过程则要求系统与外界都处于平衡状态且不存在摩擦和传热温差，即准静态过程是任一瞬时系统处于内部平衡的过程，而可逆过程是系统同时处于内部平衡和外部平衡的过程，故可逆过程一定是准静态过程，而准静态过程不一定是可逆过程。

2.5 功 和 热 量

热力系统与外界进行能量传递方式在工程热力学中主要有两种，即做功和传热。

2.5.1 功

在力学中，功的定义为力和沿力作用方向位移的乘积；而在热力学中，功是热力系统与外界之间通过边界而传递的能量，用 W 表示，单位为 J（焦）或 kJ（千焦）。单位质量的功称为比功，用 w 表示，单位为 J/kg 或 kJ/kg。

一般把封闭系统中通过工质的体积改变而与外界交换的功称为体积变化功。工质膨胀时对外界所做的体积变化功称为膨胀功；外界对工质压缩时外界所做的体积变化功称为压缩功。

如图 2-6 所示，封闭在带有活塞的气缸中的气体压强为 p。当气缸内的压强推动面积为 A 的活塞缓慢地移动一个微小的距离 $\mathrm{d}x$，因而气体的体积也增加了一个微小量 $\mathrm{d}V$，按照定义，工质对活塞所做的微元功 δW 为：

$$\delta W = pA\mathrm{d}x = p\mathrm{d}V \tag{2-10}$$

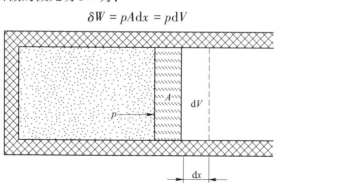

图 2-6 工质在气缸中的膨胀功

在热力学中通常规定：气体膨胀系统对外界做功为正值；气体被压缩时外界对系统做功为负值。上式表示了系统在体积发生微小变化时所做的微元功，它只与系统的压强和体积的增加量有关。

当体积通过可逆过程改变有限的大小，如从 V_1 变到 V_2 时，系统对外做的功为：

$$W = \int_1^2 p \mathrm{d}V \tag{2-11}$$

对于单位质量工质，微元比功（δw）和比膨胀功（w）分别为：

$$\delta w = p \mathrm{d}v \tag{2-12}$$

$$w = \int_1^2 p \mathrm{d}v \tag{2-13}$$

对一个可逆过程，单位质量工质与外界交换的体积变化功可在 p-v 图上，用过程曲线下面的面积表示，所以 p-v 图也称为示功图。如图 2-7 所示，热力过程 1-a-2 中，比膨胀功可用过程曲线 a 下面的面积 $S_{1\text{-}2\text{-}3\text{-}4}$ 表示。从图上也可以看出，由状态 1 到状态 2，过程可以沿着不同的途径如 1-a-2、1-b-2 进行，因而对应着不同的比功。这说明功与系统状态变化所经历的过程有关，要确定功的大小，必须确定由初态变到末态所经历的具体过程（即过程曲线）。因此功是过程参数，不是状态参数。

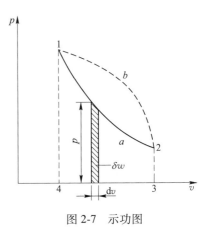

图 2-7　示功图

2.5.2　热量

当热力学系统与外界之间存在温差时，系统通过边界与外界之间相互传递的非功形式的能量称为热量，用 Q 表示。热量的单位与功的单位相同，为 J 或 kJ，单位质量工质所传递的热量用 q 表示，单位为 J/kg 或 kJ/kg。与功和比功类似，Q 和 q 分别可用公式表示为：

$$Q = \int_1^2 T \mathrm{d}S \tag{2-14}$$

$$q = \int_1^2 T \mathrm{d}s \tag{2-15}$$

式中，T 为温度；S 为工质的熵，J/K；s 为比熵，J/(kg·K)。

与示功图类似，对于一个可逆过程，单位质量工质与外界交换的热量也可以用 T-s 图（示热图）上过程曲线下面的面积表示。

热量也是系统能量变化的一种量度。热量和功都与系统状态变化的具体过程有关，而不能由系统的状态决定。因此，热量也不是状态参数，而是过程量。在热力学中通常规定：当热力系吸热时热量为正，放热时热量为负。

在热力工程中，功和热量可以互相转换，消耗一定量的功必定产生相当数量的热；反之，为获得一定量的功也必须消耗相当数量的热量。

2.5.3　功和热量的关系

尽管功与热量都是热力系与外界通过边界传递的能量，都属于过程参数，但两者之间有着本质的区别。热量的传递宏观上是由于热力系与外界之间温差的存在造成的，微观上它是物体之间通过紊乱的分子运动发生相互作用而传递的能量，热量传递的过程中不出现能量形态的转化；而功的传递宏观上是由于物体的宏观运动发生相互作用而传递的能量，常表现为压差的存在，微观上是物体之间有规律的微观运动发生能量的传递，如分子定向运动表现为机械功、电子的定向运动表现为电功等，因此做功过程往往伴随着能量形态的转化。

2.6 热力学第一定律的实质、储存能量

热力学第一定律是涉及热现象领域内的能量守恒和转化定律，反映了不同形式的能量在传递与转换过程中守恒。在工程热力学范围内，热力学第一定律可表述为：热能和机械能在转移或转换时，能量的总量必定守恒。它确定了热力过程中热量和功量之间的数量关系，即热可以转变为功，功也可以转变为热；消耗一定的功必定产生一定的热，一定的热消失时，也必定产生一定的功。热力学第一定律的另一种表述是：第一类永动机是不可能造成的。这是许多人幻想制造的能不断地做功而无须任何燃料和动力的机器，是能够无中生有、源源不断提供能量的机器。显然，第一类永动机违背能量守恒定律。

热力学第一定律适用于一切热力系统和热力过程，无论是开口系统还是闭口系统，热力学第一定律都可表示为：

进入系统的能量 - 离开系统的能量 = 系统中储存能量的变化量   (2-16)

对于闭口系统，进入和离开系统的能量只包括热量和功。对于开口系统，因为有工质的流入和流出系统，所以进入和离开系统的能量除了热量和功外，还有随同工质的流动，带入和带出系统的能量。由于这些区别，热力学第一定律应用于不同的系统时，可以得到不同的能量方程式。

根据式（2-16），我们可将能量分为传递中的能量和系统中的储存能量两大类。传递中的能量，即通过系统边界传递的能量，功和热量，它们不是状态参数，而是过程参数。系统的储存能量 E，从宏观来看，当系统的状态一定时就有一个确定的数值，因而是一个状态参数。在工程热力学中，为讨论方便，将储存能量分为两类：一类是以系统相对于其外部参照系的参数（外部参数）来描述的能量，如系统做整体运动所具有的宏观动能 $mv_g^2/2$ 和宏观位能 mgz，因为系统的整体速度 v_g 和位置高度 z，都是相对于其外部参照系而言的。另一类是以系统内部的状态参数来描述的能量，它是系统内工质的分子运动和其他微观运动模式所确定的能，这就是下面所要定义的内能 U。因此储存能量可表示为：

$$E = U + \frac{mv_g^2}{2} + mgz \tag{2-17}$$

当系统静止时，宏观动能、位能没有变化，故储存能量的变化量等于内能的变化量，即

$$\Delta E = \Delta U \tag{2-18}$$

2.7 闭口系统的热力学第一定律

2.7.1 闭口系统的能量方程

能量方程是热力学第一定律的定量表达式，反映参与系统能量转换的各项能量之间的数量关系。

一般而言，凡有工质流动的过程，按开口系统分析；而工质不流动的过程则按闭口系统分析，如内燃机的膨胀过程和压缩过程。在闭口系统状态变化的过程中，宏观动能和宏观位能的变化通常为零。

以气缸与活塞之间一定质量的工质组成的闭口系统（见图 2-8）为例进行分析。

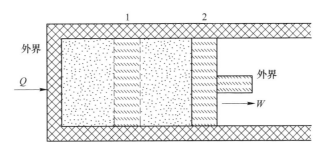

图 2-8　闭口系统与外界的能量交换

当工质从平衡态 1 变化到平衡态 2 时，系统从外界吸热量 Q，对外膨胀做功为 W，工质内能的变化为 $\Delta U = U_2 - U_1$。系统静止，所以 $\Delta E = \Delta U$。据式（2-16），该闭口系统热力学第一定律的表达式为：

$$Q - W = \Delta U$$

即

$$Q = \Delta U + W \qquad (2\text{-}19)$$

式（2-19）又称为闭口系统的能量方程式。从能量方程式可以看出，在闭口系统中外界提供给工质的热量，一部分用于增加工质的热力学能，另一部分转换为机械能并以做功的方式传递到外界。

对于单位质量工质：

$$q = \Delta u + w \qquad (2\text{-}20)$$

式（2-19）和式（2-20）适用于闭口系统中任何工质（理想气体或实际气体及其液态）、任何过程（可逆和不可逆过程），且工质的初态和终态都为平衡态。

2.7.2 闭口系统能量方程式的其他形式

根据给定条件的不同，闭口系统的能量方程式还可以表示成下面几种不同的形式。

对于微元过程：

$$\delta Q = \mathrm{d}U + \delta W \qquad (2\text{-}21)$$

$$\delta q = \mathrm{d}u + \delta w \qquad (2\text{-}22)$$

对于可逆过程：

$$Q = \Delta U + \int_1^2 p\mathrm{d}V \qquad (2\text{-}23)$$

$$q = \Delta u + \int_1^2 p\mathrm{d}v \qquad (2\text{-}24)$$

对于微元可逆过程：

$$\delta Q = \mathrm{d}U + p\mathrm{d}V \qquad (2\text{-}25)$$

$$\delta q = \mathrm{d}u + p\mathrm{d}v \qquad (2\text{-}26)$$

上述各公式中，各量均为代数值，即：

$q > 0$ 表示外界对系统加热；　$q < 0$ 表示系统向外界放热

$\Delta u > 0$ 表示系统比内能增加；$\Delta u < 0$ 表示系统比内能减少

$w > 0$ 表示系统对外界做功；　$w < 0$ 表示外界对系统做功

例题 2-2　一定量的气体在气缸内（见图 2-9）由体积 $V_1 = 1\mathrm{m}^3$ 可逆膨胀到 $V_2 = 2.5\mathrm{m}^3$，膨胀过程中气体的压强保持不变，且 $p = 0.5\mathrm{MPa}$。若此过程中气体的热力学能增加了 10000J，求此过程中气体吸收或放出的热量。

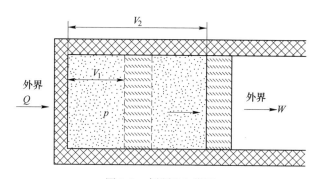

图 2-9　例题 2-2 附图

解： 选取气缸内的气体作为热力系统，依题意可知此过程为可逆过程，且压强保持恒定，则气体对外做的膨胀功为：

$$\int_1^2 p\mathrm{d}V = p(V_2 - V_1) = 0.5 \times 10^6 \times (2.5 - 1) = 750000\mathrm{J}$$

根据闭口系统可逆过程能量方程式（2-21），有：

$$Q = \Delta U + \int_1^2 p\mathrm{d}V = 10000\mathrm{J} + 750000\mathrm{J} = 760000\mathrm{J}$$

即过程中工质从外界吸收热量 760000J。

2.8　开口系统的稳定流动能量方程式

工程上，绝大多数热力设备都伴随有工质的流进流出，因而都属于开口系统，情况比较复杂，除了考虑系统与外界热和功的转换，还要考虑系统与外界的质量交换。

2.8.1 稳定流动

大多数情况下，工程中所用的热力设备都在外界影响不变的条件下稳定运行，例如汽轮机经常保持稳定的输出功率，这时工质的流动状况不随时间而改变。流道中任意位置工质的状态参数和流速不随时间改变，因此意味着单位时间内系统与外界传递的热量和功量也不随时间而改变，这种流动称为稳定流动。稳定流动具有以下特点：

（1）任意一点的状态参数不随时间变化；

（2）系统内工质质量无积聚，即单位时间内进入系统的质量等于离开系统的质量；

（3）系统内储存能量保持不变，即单位时间内进入系统的能量等于离开系统的能量。

2.8.2 流动功

开口系中，由于系统和外界都具有一定压强，工质要流动就必须克服沿途压强而做功。因此对流入系统的工质而言，外界推动工质做功；工质流出系统时，系统推动工质对外界做功。这种推动工质流动所做的功称作流动功，或推进功。

如图 2-10 所示，选取一个开口系统，设入口截面 1-1 处工质的状态参数为 p_1、v_1、T_1，质量为 m_1。为使工质流入系统，需要外界作用在工质上一定的压力 $p_1 A_1$，以克服截面 1-1 处压强 p_1 对工质的阻碍，使工质移动距离 $\mathrm{d}x_1$，流入系统。此时外界对系统做的流动功为：

$$W_{f1} = p_1 A_1 \mathrm{d}x_1 = p_1 V_1 = p_1 v_1 m_1$$

对于单位质量，流动功为：

$$w_{f1} = p_1 v_1$$

同理，出口截面 2-2 处工质的状态参数为 p_2、v_2、T_2，质量为 m_2，为使工质流出系统，系统对外界做的流动功为：

$$W_{f2} = p_2 A_2 \mathrm{d}x_2 = p_2 V_2 = p_2 v_2 m_2$$

对于单位质量，流动功为：

$$w_{f2} = p_2 v_2$$

$\Delta(pv) = p_2 v_2 - p_1 v_1$ 是系统为维持工质流动所需的功。

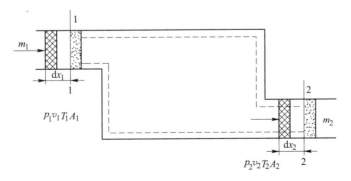

图 2-10　流动功推导示意图

流动功只有在工质流动过程中才会出现。工质流入、流出具有一定压强的开口系统，在流动时，总是从后面获得流动功，而对前面做出流动功。当工质不流动时，虽然工质也具有一定的状态参数 p、v，但乘积 pv 并不代表流动功。工质在传递流动功时，没有热力状态的变化，也没有能量形态的变化。特别需要指出的是，流动功并不是工质本身的能量，而是由外部提供的，用来维持工质流动，并伴随工质流入流出系统而带入带出的能量。

2.8.3　焓

因为流动工质在流入或流出开口系统的过程中，其热力学能 U 和流动功总是同时出现且两者都只由系统的内部状态参数唯一确定，所以在热力学中把这两者之和定义为焓，用符号 H 表示，单位为 J 或 kJ，即焓表示为：

$$H = U + pV \tag{2-27}$$

单位质量工质的焓称为比焓，用 h 表示，单位为 J/kg 或 kJ/kg，即

$$h = u + pv \tag{2-28}$$

单位质量工质在流动过程中，携带比热力学能 u、宏观动能 $v_g^2/2$、宏观位能 gz，以及流动功 pv 这四部分能量。其中，比热力学能 u 和流动功 pv 取决于工质的热力状态，因此比焓表示系统中伴随单位质量工质的流动而转移的总能量中取决于热力状态的那部分能量。

与热力学能一样，焓值的基准点也可以人为规定。工程上一般关心的是工质经历某一个热力过程后焓值的变化量 ΔH，而不是工质在某一状态下的绝对值。在热工设备中，工质总是不断地从一处流动到另一处，伴随工质流动而转移的能量是焓而不是热力学能，因此在热力过程的计算中焓有更广泛的应用。

2.8.4　开口系统的稳定流动能量方程式

图 2-11 所示为一个开口系统。假设在 τ 时间内，质量为 m_1 的工质以流速 v_{g1} 通过界面 1-1 流入系统，质量为 m_2 的工质以流速 v_{g2} 通过界面 2-2 流出系统。系统与外界进行能量交换，系统吸收热量 Q，工质对外输出轴功 W_s。假设工质的流动为稳定流动，则有 $m_1 = m_2 = m$，系统存储能的变化量为 $\Delta E = 0$。在 τ 时间内，进入系统的能量为：

$$Q + m\left(u_1 + \frac{1}{2}v_{g1}^2 + gz_1\right) + mp_1v_1$$

离开系统的能量为：

$$W_s + m\left(u_2 + \frac{1}{2}v_{g2}^2 + gz_2\right) + mp_2v_2$$

根据热力学第一定律的一般表达式，则有：

$$\left[Q + m\left(u_1 + \frac{1}{2}v_{g1}^2 + gz_1\right) + mp_1v_1\right] - \left[W_s + m\left(u_2 + \frac{1}{2}v_{g2}^2 + gz_2\right) + mp_2v_2\right] = 0$$

根据比焓的定义 $h = u + pv$，上式可整理为：

$$Q = m\left(h_2 + \frac{1}{2}v_{g2}^2 + gz_2\right) - m\left(h_1 + \frac{1}{2}v_{g1}^2 + gz_1\right) + W_s$$

或

$$Q = m\Delta h + \frac{1}{2}m\Delta v_g^2 + mg\Delta z + W_s$$

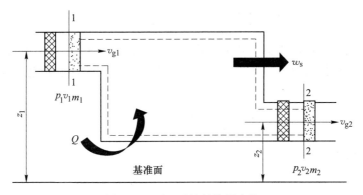

图 2-11 开口系统的能量交换

即

$$Q = \Delta H + \frac{1}{2} m \Delta v_g^2 + mg\Delta z + W_s \qquad (2\text{-}29)$$

式（2-29）称为开口系统的稳定流动能量方程式。对于单位质量工质，稳定流动能量方程式为：

$$q = \Delta h + \frac{1}{2} \Delta v_g^2 + g\Delta z + w_s \qquad (2\text{-}30)$$

式（2-29）和式（2-30）适用于开口系统中任何工质、任何过程，且工质的流动为稳定流动。

式（2-30）还可以写成：

$$q - \Delta u = \Delta(pv) + \frac{1}{2} \Delta v_g^2 + g\Delta z + w_s \qquad (2\text{-}31)$$

式中，$\Delta(pv)$ 为维持工质流动所需要的流动功；$\frac{1}{2}\Delta v_g^2$ 和 $g\Delta z$ 分别为工质宏观动能和宏观位能的变化；w_s 为工质通过机轴对外输出的轴功。这些功均源自工质在状态变化过程中通过膨胀而实施的由热能转换为的机械能。

将闭口系统的能量方程式（2-20）与式（2-31）进行比较，可见：

$$w = \Delta(pv) + \frac{1}{2} \Delta v_g^2 + g\Delta z + w_s \qquad (2\text{-}32)$$

式（2-32）中，w 是单位质量工质由于体积变化所做的膨胀功，是由热能转换而来的。这说明，无论是开口系统，还是闭口系统，其热转化为功的实质是一样的，都是通过工质的体积膨胀将热转换为功，只不过他们对外表现的形式不同。在开口系统中，工质体积变化功表现为：流动功 $\Delta(pv)$、宏观动能 $\frac{1}{2}\Delta v_g^2$、宏观位能 $g\Delta z$ 和对外输出功 w_s。而在闭口系统中，工质体积变化功直接表现为通过工质体积膨胀对外做功。

2.8.5 技术功

流动功是用于支付工质流动的，必须要消耗的功，不能再被利用。而宏观动能、宏观位能和轴功是技术上可以直接利用的功。例如，火箭发动机的喷管中，利用 $\frac{1}{2}\Delta v_g^2$ 得到高速气流；水泵中利用 $g\Delta z$ 以提高水流的水位；燃气轮机中则利用 w_s 对外做机械功。因此，在热力学中，将工程技术上可以直接利用的宏观动能、宏观位能和轴功的能量之和称为技术功，记为 W_t，即：

$$W_t = \frac{1}{2}m\Delta v_g^2 + mg\Delta z + W_s \tag{2-33}$$

单位质量的技术功为：

$$w_t = \frac{1}{2}\Delta v_g^2 + g\Delta z + w_s \tag{2-34}$$

由式（2-32）和式（2-34），可得：

$$w_t = w - \Delta(pv) \tag{2-35}$$

式（2-35）说明，工质在稳定流动过程中所做的技术功等于膨胀功减去流动功。

对于可逆膨胀，膨胀功为：

$$w = \int_1^2 p\mathrm{d}v$$

代入式（2-35），可得可逆过程中的技术功为：

$$w_t = \int_1^2 p\mathrm{d}v - \Delta(pv) = \int_1^2 p\mathrm{d}v - \int_1^2 \mathrm{d}(pv) = -\int_1^2 v\mathrm{d}p \tag{2-36}$$

式（2-36）指出，过程中工质压力降低时，$\mathrm{d}p<0$，$w_t>0$，技术功为正，工质对外做功；反之，过程中压强增加时 $\mathrm{d}p>0$，$w_t<0$，外界对系统做功；若压强不变，技术功为 0。汽轮机、燃气轮机属于第一种情况，压气机属于第二种情况。

如图 2-12 所示，可逆过程的技术功 w_t 在 p-v 图上可用过程曲线与纵坐标之间的面积表示。可逆过程 1-2 的技术功为过程曲线 1-2 左边 1-2-p_2-p_1-1 的面积。

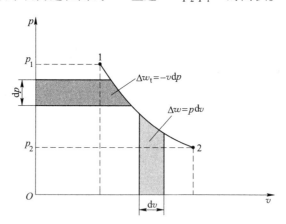

图 2-12　技术功在 p-v 图上的表示

2.8.6　开口系统稳定流动能量方程式的其他形式

根据技术功的定义和式（2-29），开口系统的稳定流动能量方程式还可以表示成其他几种形式。

对于任何过程：
$$Q = \Delta H + W_t \tag{2-37}$$
$$q = \Delta h + w_t \tag{2-38}$$

对于微元过程：
$$\delta Q = dH + \delta W_t \tag{2-39}$$
$$\delta q = dh + \delta w_t \tag{2-40}$$

对于可逆过程：
$$Q = \Delta H - \int_1^2 V dp \tag{2-41}$$
$$q = \Delta h - \int_1^2 v dp \tag{2-42}$$

对于微元可逆过程：
$$\delta Q = dH - V dp \tag{2-43}$$
$$\delta q = dh - v dp \tag{2-44}$$

例题 2-3 某开口稳定流动系统，已知进口处的气体参数为 $p_1 = 0.6\text{MPa}$，$v_1 = 0.4\text{m}^3/\text{kg}$，$u_1 = 2100\text{kJ/kg}$，$v_{g1} = 300\text{m/s}$；出口处的气体参数为 $p_2 = 0.15\text{MPa}$，$v_2 = 1\text{m}^3/\text{kg}$，$u_2 = 1000\text{kJ/kg}$，$v_{g2} = 250\text{m/s}$。气体的质量流量为 $q_m = 5\text{kg/s}$，流过系统时向外放出的热量为 50kJ/kg。假设气体流过系统时的重力位能的变化忽略不计，求气体流过系统时对外输出的功率。

解： 可先计算出气体在进口和出口处的焓值。

气体在进口处的比焓：
$$h_1 = u_1 + p_1 v_1 = 2100 + 0.6 \times 10^3 \times 0.4 = 2340\text{kJ/kg}$$

气体在出口处的比焓：
$$h_2 = u_2 + p_2 v_2 = 1000 + 0.15 \times 10^3 \times 1 = 1150\text{kJ/kg}$$

由式（2-28），且位能差为 0，系统对外所做的轴功为：
$$w_s = q - \Delta h - \frac{1}{2}\Delta v_g^2 - g\Delta z = q - (h_2 - h_1) - \frac{1}{2}(v_{g2}^2 - v_{g1}^2)$$
$$= (-50) - (1150 - 2340) - \frac{1}{2} \times (250^2 - 300^2) \times 10^{-3} = 1153.75\text{kJ/kg}$$

气体流出时对外输出的功率为：
$$P = q_m w_s = 5 \times 1153.75 = 5768.75\text{kW}$$

2.9 稳定流动能量方程的应用

在热力工程中，大部分热力设备不但可以当作开口系统处理，而且工质的流动都可作为一维稳定流动，所以稳定流动能量方程在计算热力设备中能量的传递与转化时十分有效，应用十分广泛。在对以上具体问题应用稳定流动能量方程进行计算时，必须对复杂的具体问题做具体分析，结合实际条件，采用可行的简化方法，分析清楚在热力设备中所发生的能量的传递与转化过程。

2.9.1　热交换器

热交换器也称为换热器，是利用冷热流体温差将热量由热流体传至冷流体的设备。在热能的生产、输送和使用过程中，在供热工程、制冷工程、空调工程、低温工程、化工工程中广泛应用的各种加热器、冷却器、散热器、蒸发器、冷凝器、锅炉都是各种形式的热交换器。图 2-13 所示为热交换器的示意图，换热表面两侧流体各自构成一个开口系统。选择任意一侧的流体作为热力系统，其能量交换的主要特点为工质与外界只有热量交换，而无功量交换，即 $w_s = 0$，且工质动能和位能变化可以忽略，因此由式（2-28）可得：

$$q = \Delta h = h_2 - h_1 \qquad (2\text{-}45)$$

式（2-45）对两种流体均适用。它说明，单位质量工质在被加热（冷却）过程中得到（失去）的热量等于其比焓的增加量。

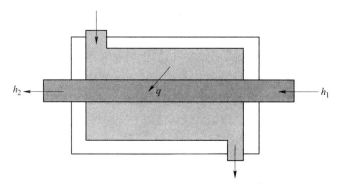

图 2-13　热交换器示意图

2.9.2　动力机械

动力机械利用工质在热力设备中膨胀对外做功，如蒸汽轮机、燃气轮机、内燃机等。如图 2-14 所示，利用稳定流动能量方程来计算它们的功，因为进出口的高度差甚小，进出口的速度变化相差不多，所以可以忽略宏观动能和位能。这类设备能量交换的主要特点是设备外壳（有好的保温隔热措施）的散热损失较小（可以认为其热力过程是绝热过程），$q = 0$。因此由式（2-30）可得：

$$w_s = -\Delta h = h_1 - h_2 = w_t \qquad (2\text{-}46)$$

故工质在汽轮机或燃气轮机中所作的轴功等于技术功，即等于单位质量工质比焓的减少。

2.9.3　压缩机械

压缩机械是用来压缩气体使气体压强升高的设备。如空气压缩机（简称压气机）、冰箱（空调）的压缩机等都是常用的压缩机械。由于其压强升高，显然要消耗外界功，热力过程与动力机械正好相反，如图 2-15 所示。正常工作时，系统为稳态稳流开口系统。工质进出口宏观动能和宏观位能也由于进出口的位置高度和流动速度差异不大而忽略不计。

这类设备能量交换的主要特点与动力机械有所不同，通常为了减少压缩机耗功需要尽量向外散热，包括采取冷却措施。因此，散热不可忽略，$q \neq 0$。因此由式（2-30）可得：

$$- w_s = \Delta h - q = h_2 - h_1 - q \tag{2-47}$$

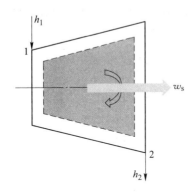

图 2-14 动力机械示意图

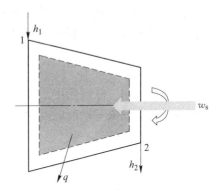

图 2-15 压缩机械示意图

2.9.4 绝热节流

工质在管内经过阀门、孔板、小孔等使流通就面突然缩小的装置（见图 2-16）时，会在缩口附近产生强烈的漩涡，从而产生所谓"局部阻力"，使压力下降，这种现象称为"节流"。由于过程进行得很快，工质的散热量与其所携带的能量相比很小，通常可以忽略，因而称为"绝热节流"。绝热节流过程的一个重要特征是：存在涡流和摩擦，这是一个典型的不可逆过程，工质处于不稳定的非平衡状态，所以绝热节流是不稳定流动。

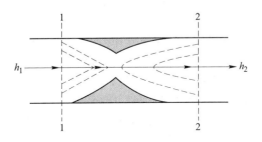

图 2-16 绝热节流示意图

但是，如果选取距离缩孔稍远处的两个截面 1-1 和 2-2 为热力系的进、出口截面，在这些位置，流动受到的缩孔影响较小，工质的状态趋于平衡，这样就可以认为选择两个截面中间部分的热力系统为开口系统，近似满足稳定流动能量方程。过程进行的具体条件可简化为绝热 $q = 0$；无轴功输出 $w_s = 0$；进、出口气体的宏观动能差和宏观位能差可忽略。将上述条件代入式（2-30），可得单位工质发生绝热节流过程的能量方程为：

$$h_1 = h_2 \tag{2-48}$$

在绝热节流过程中，节流前后工质的比焓值不变。特别注意的是，比焓值不变是仅指在这两个截面处而不是在这两个截面之间，缩口附近的比焓值并非处处相等。

2.9.5 喷管与扩压管

喷管是使流动工质加速的管道，而扩压管是使流动工质增加压强的管道．如图 2-17 所示。两者都是变截面的管道，其截面变化规律是相反的。这类设备能量交换的共同特征是：工质在管道中流速高，来不及与外界进行热交换 $q=0$，且与外界没有功量交换 $w_s=0$，位能差很小，可予以忽略。将上述条件代入式（2-30），可得：

$$\frac{1}{2}\Delta v_g^2 = -\Delta h = h_1 - h_2 = \frac{1}{2}(v_{g2}^2 - v_{g1}^2) \tag{2-49}$$

式（2-49）说明，在喷管中工质流动动能的增加等于焓值的下降，而在扩压管中，工质的焓值增加等于其流动动能的减少。

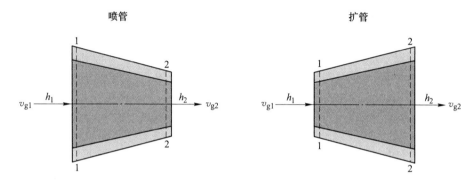

图 2-17　喷管和扩压管示意图

复习思考与练习题

2-1　什么是热力系统，闭口系统和开口系统的区别在什么地方？

2-2　平衡态有什么特征，在热力学中讨论平衡态的意义何在？

2-3　平衡和稳定有什么关系，平衡和均匀有什么关系？

2-4　若容器中气体的压强没有改变，试问压强表的读数会改变吗？

2-5　系统的状态变化在系统和外界间没有能量交换是否会发生？

2-6　经过一个不可逆过程之后，工质还能否恢复到原来状态？

2-7　试分析下列各热力过程是否是可逆过程？

　　1. 热量从温度为 100℃ 的热源缓慢地传递给处于平衡状态下的 0℃ 的冰水混合物。

　　2. 通过搅拌器做功使水保持等温的汽化过程。

　　3. 在一个绝热气缸内进行无内、外摩擦的膨胀或压缩过程。

　　4. 30℃ 的水蒸气缓慢流入一个绝热容器与 30℃ 的液态水相混合。

　　5. 在一定体积的容器中，将定量工质从 20℃ 缓慢加热到 120℃。

2-8　某油轮蒸汽锅炉表压强 $p_g = 1.3\text{MPa}$，冷凝器上的真空度 $p_v = 0.094\text{MPa}$，当地大气压强 $p_b = 0.1\text{MPa}$，试求锅炉和冷凝器中的绝对压强。

2-9　用水银 U 形管压强计测量容器中的气体压强，为防止水银挥发，通常在水银柱上面加一段水。现测得的水柱高 300mm，水银柱高 800mm，如图 2-18 所示。已知当地大气压强为 760mmHg，试求容器中气体的压强。

2-10 由于有引风机的抽吸，锅炉设备烟道中烟气的压强略低于大气压强，现在使用斜管式微压计测量烟道内烟气压强（见图 2-19）。已知微压计中水的密度 $\rho = 1000 \text{kg/m}^3$，斜管倾角 $\alpha = 30°$，斜管内水柱长度 $l = 200\text{mm}$。若当地大气压强 $p_b = 756\text{mmHg}$，求烟气的绝对压强（mmHg）。

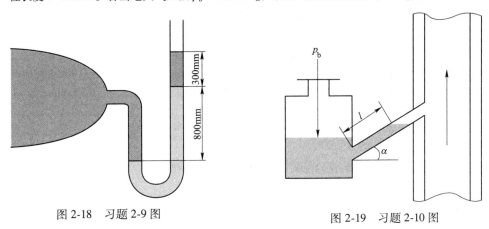

图 2-18　习题 2-9 图　　　　　　　　图 2-19　习题 2-10 图

2-11 某一容器被一刚性壁分为两部分，在容器的不同部位安装有 3 个压强计，如图 2-20 所示。已知压强表 A 的读数为 1.10bar，压强表 B 的读数为 1.75bar。如果大气压强计读数为 0.97bar，试确定压强表 C 的读数，以及两部分容器内气体的压强。

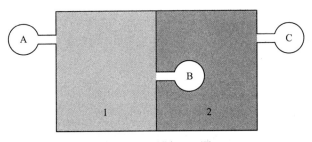

图 2-20　习题 2-11 图

2-12 内壁绝热的容器，中间用隔板分为两部分，A 中存有高压空气，B 中保持高度真空，如图 2-21 所示，若将隔板抽去，试分析容器中空气的热力学能如何变化？

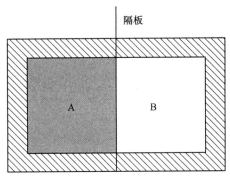

图 2-21　习题 2-12 图

2-13 热力学第一定律的能量方程式可否写成 $q = \Delta u + pv$？

2-14 工质进行膨胀时是否必须对工质加热？工质可否一边膨胀一边放热，或者一边被压缩一边吸入热量？试做出解释。

2-15 体积功、流动功、技术功、内部功和轴功有何差别和联系？

2-16 热和功分别是能量传递的两种形式，它们之间有何区别和联系？

2-17 在炎热的夏天，有人试图用关闭厨房门窗和打开电冰箱门的办法使厨房降温。开始感到很凉爽，但过一段时间后这种效果逐渐消失，甚至会感到更热，这是为什么？试用热力学第一定律分析。

2-18 气缸内储有完全不可压缩流体，气缸的一端被封闭，另一端是活塞，气缸是静止的，且与外界无热交换。试问：

1. 活塞能否对流体做功？

2. 流体的压强会改变吗？

3. 若使用某种方法把流体的绝对压强从 0.2MPa 提高到 4MPa，热力学能有无变化？焓有无变化？流体与外界是否有体积功的交换？是否有技术功的交换？

2-19 气体在某一过程中吸入了 50kJ 的热量，同时热力学能增加了 80kJ，问此过程是膨胀过程还是压缩过程，对外所做的功是多少？

2-20 在冬季，工厂某车间每小时经过墙壁和玻璃处损失的热量为 700000kcal，车间各工作机器消耗的动力为 360kW，且全部动力变成了热能。另外，室内经常点着 50 盏 100W 的电灯，若使这车间温度保持不变，问每小时需另外加入多少热量？

2-21 氧气瓶的体积是 $0.4m^3$，瓶中储有氧气，压强表上的读数是 7.4MPa，设氧气的热力学能等于8300kJ，求它的焓值。

2-22 空气在某压气机中被压缩，压缩前空气的参数是 $p_1 = 0.1MPa$、$v_1 = 0.845m^3/kg$，压缩后的参数是$p_2 = 0.8MPa$、$v_2 = 0.175m^3/kg$，设在压缩过程中每千克空气的热力学能增加 146.5kJ，同时向外放出热量 50kJ。压气机每分钟产生压缩空气 10kg，试求：

1. 压缩过程中对每千克气体所做的功；

2. 每生产 1kg 压缩空气所需的功（技术功）；

3. 带动此压气机要用多大功率的电动机？

2-23 如图 2-22 所示，当热力系统沿路径 acb 从状态 a 到状态 b 时，有 80J 的热量流入热力系统并做了20J 的功，问：

1. 如果沿路径 adb 做功 10J，那么有多少热量流入热力系统？

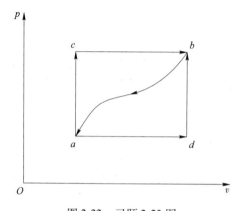

图 2-22   习题 2-23 图

2. 当热力系统沿曲线路径从 b 返 a 时做功 20J，热力系统是吸热还是放热？热量有多少？

3. 如果 $U_a = 0$、$U_d = 40J$，试求：在过程 ad 和 bd 中，热力系统吸收的热量各是多少？

2-24 一台供热锅炉，蒸汽量为 2t/h，给水进入锅炉时的比焓 $h_1 = 210kJ/kg$，水蒸气离开锅炉时的比焓为 $h_2 = 2768kJ/kg$。已知锅炉用煤的发热量为 23000kJ/kg，锅炉效率为 70%，试计算锅炉每小时的用煤量。

3 理想气体的性质和热力过程

热能、机械能通常是借助工质在热动力设备中的吸热、膨胀做功等状态变化过程。分析研究和计算工质进行这些过程的吸热量和做功，除了以热力学第一定律作为主要的理论基础和工具外，还需具备工质热力性质方面的知识。热能转变为机械能只能通过工质膨胀做功来实现，采用的工质应具有显著流动性和涨缩性，即其体积随温度、压强能有较大的变化。物质的三态中只有气态具有这一特性。因而热机中的工质都采用气态工质。其状态距液态较远的气态工质称为气体。对气态物质的研究分为理想气体和实际气体，本章主要讨论理想气体。研究内容包括理想气体状态方程、比热容、内能、焓、熵；理想气体的定容、定压、定温、定熵、多变等热力学过程。热力系统状态连续变化的过程称为热力过程。工程中实施热力过程的目的有两个方面：一方面通过系统状态变化实现预期的能量转换，如燃气轮机中的燃气的膨胀做功过程；另一方面通过热力过程实现系统的状态变化，如压气机消耗功量使气体压强升高的压缩过程。因此，分析热力过程的目的也有两个：（1）确定过程中状态变化的规律，并根据规律求取相应的状态参数；（2）求取热力过程中能量转换的数量关系，即功量和热量。

3.1 理想气体状态方程

3.1.1 理想气体与实际气体

真正的理想气体是一种实际上并不存在的假想气体，其分子是本身不占体积的质点，而且分子之间没有相互作用力。实际气体是指不满足上述定义的气体。显然理想气体只是气体分子运动论提出的一种理想模型，在自然界中是不存在的。但它的热力性质非常简单，通过把实际气体近似处理成理想气体，可以大大简化对问题的分析。自然界中实际存在的气体都是实际气体。至于气体在什么情况下才能按理想气体处理，什么情况下必须按实际气体对待，这主要取决于气体所处的状态及计算所要求的精确度。在热力工程中经常遇到的很多气体（如 N_2、H_2、O_2、CO、CO_2、空气等），如果压强较低、温度较高、比体积较大时，一般都可以按理想气体进行分析和计算，并能保证一定的精确度。所以，关于理想气体的讨论，无论在理论上或者在实用上都有很重要的意义。工程上常用的（如水蒸气及很多制冷剂的蒸气），如果压强不是很低，则需按实际气体对待。

3.1.2 理想气体状态方程式

理想气体的状态方程是在三个实验定律的基础上得来的，即

波义耳-马略特定律（T 不变）　　$p_1 v_1 = p_2 v_2$

盖·吕萨克定律（p 不变）　　$\dfrac{v_2}{v_1} = \dfrac{T_2}{T_1}$

查理定律（v 不变）
$$\frac{p_2}{p_1} = \frac{T_2}{T_1}$$

根据上述实验定律，得到理想气体任意状态下三个基本状态参数之间满足：

$$pv = R_g T \tag{3-1}$$

式（3-1）称为理想气体状态方程式，是由法国科学家克拉贝龙（Clapeyron）在 1834 年首先推导出的，因此也称为克拉贝龙方程式。式中，p 为气体的绝对压强，Pa；T 为热力学温度，K；v 为比体积，m^3/kg；R_g 为气体常数，$J/(kg \cdot K)$，其数值只与气体的种类有关，而与气体所处的状态无关。

对于 1kg 的理想气体：

$$pv = R_g T$$

对于质量为 m 的理想气体：

$$pV = mR_g T \tag{3-2}$$

对于 1mol 的理想气体：

$$pV_m = RT \tag{3-3}$$

对于物质的量为 n 的理想气体：

$$pV = nRT \tag{3-4}$$

式中，R 为摩尔气体常数，$J/(mol \cdot K)$，它与气体的种类无关，又与气体所处的状态无关，其数值为 $R = 8.314 J/(mol \cdot K)$。

摩尔气体常数与气体常数的关系为：

$$R_g = \frac{R}{M}$$

式中，M 为气体的摩尔质量，kg/mol。

应用理想气体状态方程时需要特别注意：（1）式（3-1）~式（3-4）分别列出了四种形式的理想气体状态方程，但他们的适用条件各不相同；（2）各方程中使用的均是绝对压强和绝对温度，工程测量中测得的一般是摄氏温度和表压强，应注意换算成绝对温度和绝对压强；（3）在计算气体从一个热力状态到另一个状态时，应注意气体的质量不能发生改变，否则不能应用上述状态方程进行计算。

例题 3-1 实验室里有一个氩气瓶，体积 $V = 0.2m^3$，其内部装有 $p_1 = 8MPa$、$T_1 = 298K$ 的氩气。一次试验后，瓶中的空气压强降低为 $p_2 = 5.3MPa$，这时 $T_2 = 298K$。求用去氩气的物质的量（mol）及相当质量（kg）。氩气的摩尔质量 $M = 39.94 \times 10^{-3} kg/mol$。

解： 根据式（3-4），氩气使用前后，瓶中空气的状态方程分别为：

$$p_1 V_1 = n_1 R T_1 \qquad p_2 V_2 = n_2 R T_2$$

用去氩气的量为：

$$\Delta n = n_1 - n_2 = \frac{(p_1 - p_2)V}{RT} = \frac{(8 \times 10^6 - 5.3 \times 10^6) \times 0.2}{8.314 \times 298} = 218 mol$$

因此用去氩气的质量为：

$$\Delta m = M \times \Delta n = 39.94 \times 10^{-3} \times 218 = 8.71 kg$$

例题 3-2 已知氮气瓶的容积 $V = 40L$，温度为 20℃时，氮气表读数为 15MPa，氮气的气体常数 $R_g = 297 J/(kg \cdot K)$，求瓶内氮气质量。

解： $V = 40\text{L} = 40 \times 10^{-3}\text{m}^3$，$p = p_\text{b} + p_\text{g} = (0.1 + 15) \times 10^6 \text{Pa} = 15.1 \times 10^6 \text{Pa}$，$T = 20 + 273 = 293\text{K}$。
根据式（3-2）得：

$$m = \frac{pV}{R_\text{g}T} = \frac{15.1 \times 10^6 \times 40 \times 10^{-3}}{297 \times 293} = 6.94\text{kg}$$

3.2　理想气体的热容、热力学能、焓和熵

应用能量方程式分析热力过程时，常常涉及热量的计算，热力学能、焓、熵的变化量计算，这些计算都要借助于热容。热容是物质的重要热物性参数。

3.2.1　热容的定义

物体温度升高1℃（或1K）所需要的热量称为该物体的热容量，简称热容，用 C 表示，单位为 J/K。物体的热容量与组成该物体的物质有关，还与该物质的质量及加热过程有关。如果工质在一个微元过程中吸收热量 δQ，温度升高 $\text{d}T$，则该工质的热容可以表示为：

$$C = \frac{\delta Q}{\text{d}T} = \frac{\delta Q}{\text{d}t} \tag{3-5}$$

单位质量物质的热容称为比热容（质量热容），用 c 表示，单位为 J/（kg·K），即：

$$c = \frac{\delta q}{\text{d}T} = \frac{\delta q}{\text{d}t} \tag{3-6}$$

1mol 物质的热容称为摩尔热容，用 C_m 表示，单位为 J/（mol·K）。标准状况下，1m³ 物质的热容称为体积热容，用 C_V 表示，单位为 J/（m³·K）。

$$C = mc = nC_\text{m} = V_0 C_V$$

3.2.2　比定容热容和比定压热容

3.2.2.1　比定容热容和比定压热容的定义

热量是与过程的性质有关的量，不同的热力过程比热容是不同的。在热力工程上，工质的吸热和放热都是在接近体积不变或压力不变的条件下进行的，因此比热容可分为比定容热容与比定压热容，分别以 c_V 和 c_p 表示，其物理意义为在定容（或定压）下使 1kg 质量的气体温度改变 1K（或 1℃）所需要的热量。

$$c_V = \frac{\delta q_V}{\text{d}T} \tag{3-7}$$

$$c_p = \frac{\delta q_p}{\text{d}T} \tag{3-8}$$

式中，δq_V 和 δq_p 分别代表微元定容过程和微元定压过程中工质与外界交换的热量。

3.2.2.2　可逆过程的比定容热容 c_V 和比定压热容 c_p

对于微元可逆过程，热力学第一定律的表达式为：$\delta q = \text{d}u + p\text{d}v$，$\delta q = \text{d}h - v\text{d}p$。其中热

力学能和焓是状态参数，$u = f(T, v)$，$h = f(T, p)$，全微分方程为：

$$\mathrm{d}u = \left(\frac{\partial u}{\partial T}\right)_V \mathrm{d}T + \left(\frac{\partial u}{\partial v}\right)_T \mathrm{d}v \tag{3-9}$$

$$\mathrm{d}u = \left(\frac{\partial h}{\partial T}\right)_p \mathrm{d}T + \left(\frac{\partial h}{\partial p}\right)_T \mathrm{d}p \tag{3-10}$$

对于定容过程，$\mathrm{d}v = 0$，可得：

$$c_V = \frac{\delta q_V}{\mathrm{d}T} = \left(\frac{\partial u}{\partial T}\right)_V \tag{3-11}$$

对于定压过程，$\mathrm{d}p = 0$，可得：

$$c_p = \frac{\delta q_p}{\mathrm{d}T} = \left(\frac{\partial h}{\partial T}\right)_p \tag{3-12}$$

式（3-11）和式（3-12）适用于一切工质的可逆过程。

3.2.2.3 理想气体的比定容热容 c_V 和比定压热容 c_p

对于理想气体，其热力学能只是温度的单值函数，而与比体积无关，所以：

$$c_V = \frac{\mathrm{d}u}{\mathrm{d}T} \tag{3-13}$$

理想气体的比焓值 $h = u + pv = u + R_g T$，因此也是温度的单值函数，与压力无关，有：

$$c_p = \frac{\mathrm{d}h}{\mathrm{d}T} \tag{3-14}$$

式（3-13）和式（3-14）说明理想气体的 c_V 与 c_p，也仅仅是温度的函数。

3.2.2.4 理想气体比定容热容 c_V 和比定压热容 c_p 之间的关系

对式（3-14）进行进一步分析：

$$c_p = \frac{\mathrm{d}h}{\mathrm{d}T} = \frac{\mathrm{d}(u + R_g T)}{\mathrm{d}T} = \frac{\mathrm{d}u}{\mathrm{d}T} + R_g = c_V + R_g$$

$$c_p - c_V = R_g \tag{3-15}$$

在式（3-15）两边同乘以摩尔质量 M，可得：

$$C_{p,\mathrm{m}} - C_{V,\mathrm{m}} = R \tag{3-16}$$

式中，$C_{V,\mathrm{m}}$ 和 $C_{p,\mathrm{m}}$ 表示摩尔定容热容与摩尔定压热容。

式（3-15）和式（3-16）称为迈耶公式。由迈耶公式可知比定压热容大于比定容热容。这是因为气体定容加热时体积不变，加入热量全部转变为分子的动能，使气体温度升高。而在定压加热时，体积要增大、气体对外做功，与此同时，分子动能增加。因此，温度同样升高 1℃，后者所需的热量较大。

以 c_V 和 c_p 的比值称为比热容比，用符号 γ 表示，即：

$$\gamma = \frac{c_p}{c_V} = \frac{C_{p,\mathrm{m}}}{C_{V,\mathrm{m}}} \tag{3-17}$$

比热容比在热力学理论研究和热工计算方面是一个重要参数。

$$c_p = \frac{\gamma}{\gamma - 1} R_g \tag{3-18}$$

$$c_V = \frac{1}{\gamma - 1} R_g \tag{3-19}$$

3.2.3　利用理想气体的比热容计算热量

3.2.3.1　应用真实比热容计算热量

真实比热容表示某一瞬时温度下的比热容。理想气体的比热容是温度的单值函数。应用比热容的量子理论，根据光谱分析的实验数据，可得到由实验数据所整理出来的函数关系：

$$c = a_0 + a_1 t + a_2 t^2 + a_3 t^3$$

式中，a_0、a_1、a_2、a_3 为常数，与气体的种类和温度有关，可以由实验确定。

有了比热容随温度变化的关系，就可以求出热力过程的热量 q。如果每千克理想气体从温度 t_1 升高到 t_2，所需的热量为：

$$q = \int_1^2 c \mathrm{d}t = \int_1^2 (a_0 + a_1 t + a_2 t^2 + a_3 t^3) \mathrm{d}t$$

相应地，比定压热容和比定容热容可以表示为：

$$c_p = a_p + a_1 t + a_2 t^2 + a_3 t^3 \tag{3-20}$$

$$c_V = a_V + a_1 t + a_2 t^2 + a_3 t^3 \tag{3-21}$$

对于定压过程和定容过程，所需要的热量分别为：

$$q_p = \int_{t_1}^{t_2} c_p \mathrm{d}t = \int_{t_1}^{t_2} (a_p + a_1 t + a_2 t^2 + a_3 t^3) \mathrm{d}t$$

$$q_V = \int_{t_1}^{t_2} c_V \mathrm{d}t = \int_{t_1}^{t_2} (a_V + a_1 t + a_2 t^2 + a_3 t^3) \mathrm{d}t$$

3.2.3.2　应用平均比热容计算热量

为了工程计算方便，引入了平均比热容的概念。平均比热容是某一温度间隔内比热容的平均值，用 $c\,|_{t_1}^{t_2}$ 表示，即：

$$c\,|_{t_1}^{t_2} = \frac{q_{1\text{-}2}}{t_2 - t_1} = \frac{\int_{t_1}^{t_2} c \mathrm{d}t}{t_2 - t_1} \tag{3-22}$$

式中，$q_{1\text{-}2}$ 为每千克气体从温度 t_1 升高到 t_2 所需的热量。

$$q_{1\text{-}2} = q_{0\text{-}2} - q_{0\text{-}1} = \int_0^2 c \mathrm{d}t - \int_0^1 c \mathrm{d}t = c\,|_0^{t_2} t_2 - c\,|_0^{t_1} t_1$$

式中，$c\,|_0^t$ 为从温度 0℃ 到 t 之间的平均比热容。

气体的平均比热容 $c\,|_{t_1}^{t_2}$ 也可以表示为：

$$c\,|_{t_1}^{t_2} = \frac{c\,|_0^{t_2} t_2 - c\,|_0^{t_1} t_1}{t_2 - t_1} \tag{3-23}$$

图 3-1 所示为真实比热容随温度变化的关系曲线。气体从温度 t_1 升高到 t_2 所需的热量 $q_{1\text{-}2}$ 为曲线下面 1-2-t_2-t_1-1 的面积。如果这个面积能用相同温差下的矩形面积来代替，该矩

形的高度即为平均比热容 $c\,|_{t_1}^{t_2}$。

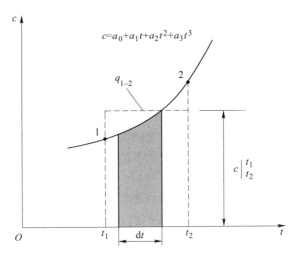

图 3-1 真实比热容和平均比热容

工程上，将常用气体从温度 0℃ 到 t 之间的平均比热容 $c\,|_0^t$ 进行测量，对于定压过程和定容过程，所需要的热量分别为：

$$q_p = c_p\,|_0^{t_2}t_2 - c_p\,|_0^{t_1}t_1 \tag{3-24}$$

$$q_V = c_V\,|_0^{t_2}t_2 - c_V\,|_0^{t_1}t_1 \tag{3-25}$$

3.2.3.3 应用定值比热容计算热量

工程上，一般粗略计算时，若计算要求的精度不高或气体温度在室温附近且温度变化不大时，可以不考虑温度对热容的影响，将比热容近似为定值处理，称为定值比热容。

根据气体动理论和能量按自由度均分的原则，原子数目相同的气体具有相同的摩尔热容。表 3-1 列举了单原子气体、双原子气体和多原子气体的定值摩尔热容，其中对于多原子气体给出的是实验值。

根据摩尔热容和比热容的关系，可以求得：

$$c_p = \frac{C_{p,\,\mathrm{m}}}{M} \qquad c_V = \frac{C_{V,\,\mathrm{m}}}{M}$$

因此，对于定压和定容过程，所需要的热量为：

$$q_p = c_p(t_2 - t_1)$$

$$q_V = c_V(t_2 - t_1)$$

表 3-1 理想气体的定值摩尔热容和比热容比

气体	单原子气体 ($i=3$)	双原子气体 ($i=5$)	多原子气体 ($i=7$)
$C_{V,\,\mathrm{m}}$	$\dfrac{3}{2}R$	$\dfrac{5}{2}R$	$\dfrac{7}{2}R$
$C_{p,\,\mathrm{m}}$	$\dfrac{5}{2}R$	$\dfrac{7}{2}R$	$\dfrac{9}{2}R$
γ	1.67	1.40	1.29

一般来说,利用真实比热容,计算精度高,但不太方便,需要借助计算机计算;利用平均比热容表计算,计算方便,且有足够的精确度,能满足大部分工程计算要求;利用定值比热容计算,误差较大,尤其是温度较高时,不宜采用。

3.2.4　理想气体的热力学能和焓

工质的热力学能包括分子热运动而形成的内动能和分子之间力的相互作用而形成的内位能。前者取决于工质的温度,后者主要取决于工质的比体积。对于理想气体,由于分子之间无相互作用力,因此其热力学能中不存在内位能,只包含与温度有关的内动能。因此理想气体的热力学能仅与温度有关,是温度的单值函数;其焓值也只与温度有关,是温度的单值函数。即:

$$u = f(T)$$
$$h = f(T)$$

热力学能和焓是工质的状态参数,因此在热力过程中热力学能和焓的变化只与工质的初、终状态有关而与过程无关。对于理想气体来说,热力过程中工质的热力学能和焓的变化只取决于初、终状态的温度而与所经历的过程及其状态均无关。初、终温度一定的过程,工质热力学能和焓的变化如图 3-2 所示。

理想气体的等温线即等热力学等能线、等焓线。由此可以得出一个重要结论:对于理想气体,任何过程的热力学能的变化量都和温度变化相同的定容过程的热力学能的变化量相等;任何

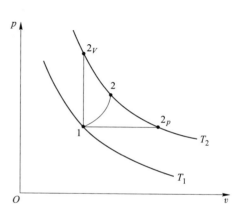

图 3-2　理想气体的热力学能、焓的性质

过程的焓的变化量都和温度变化相同的定压过程的焓的变化量相等,即:

$$\Delta u_{1-2} = \Delta u_{1-2_V} = \Delta u_{1-2_p}$$
$$\Delta h_{1-2} = \Delta h_{1-2_V} = \Delta h_{1-2_p}$$

根据理想气体 c_V、c_p 的定义,有:

$$du = c_V dT \tag{3-26}$$
$$dh = c_p dT \tag{3-27}$$

对上述两个公式积分可得:

$$\Delta u = \int_1^2 c_V dT \tag{3-28}$$

$$\Delta h = \int_1^2 c_p dT \tag{3-29}$$

上述各式适用于理想气体的任何过程。对实际气体,式(3-26)和式(3-28)适用于定容过程,式(3-27)和式(3-29)适用于定压过程。在进行 Δu、Δh 计算时,可以根据计算精度要求的不同,选择相应的比热容。

利用真实比热容:

$$\Delta u = \int_1^2 c_V dT$$

$$\Delta h = \int_1^2 c_p \mathrm{d}T$$

利用平均比热容：

$$\Delta u = c_V \big|_{t_1}^{t_2}(t_2 - t_1) = c_V \big|_0^{t_2} t_2 - c_V \big|_0^{t_1} t_1$$

$$\Delta h = c_p \big|_{t_1}^{t_2}(t_2 - t_1) = c_p \big|_0^{t_2} t_2 - c_p \big|_0^{t_1} t_1$$

利用定值比热容：

$$\Delta u = c_V(t_2 - t_1)$$

$$\Delta h = c_p(t_2 - t_1)$$

3.2.5 理想气体的熵

熵的热力性质与热力学能及焓的热力性质不同，理想气体的熵不仅仅是温度的函数，它还与压强或比体积有关。在一般的热工计算中，只设计熵的变化量（熵变）。当初始状态确定时，熵变也就确定，与过程无关，所以熵变的计算可以脱离实际过程而独立地进行。因此，可以通过可逆过程来导出理想气体的熵变计算公式，由此得出的结论适用于具有相同初始状态的任何过程。

在可逆的条件下，比熵的定义式为：

$$\mathrm{d}s = \frac{\delta q}{T} \tag{3-30}$$

式（3-30）只适用于可逆过程。式中，δq 表示单位质量工质在微元可逆过程中与热源交换的热量；T 表示热源的热力学温度；$\mathrm{d}s$ 表示微元可逆过程中单位质量工质的熵变，称为比熵。

将式（3-30）变化可得：

$$\mathrm{d}s = \frac{\delta q}{T} = \frac{\mathrm{d}u + p\mathrm{d}v}{T} = c_V \frac{\mathrm{d}T}{T} + R_{\mathrm{g}} \frac{\mathrm{d}v}{v}$$

将式两边积分：

$$\Delta s = \int_1^2 c_V \frac{\mathrm{d}T}{T} + \int_1^2 R_{\mathrm{g}} \frac{\mathrm{d}v}{v}$$

当比定容热容 c_V 为定值时：

$$\Delta s = c_V \ln \frac{T_2}{T_1} + R_{\mathrm{g}} \ln \frac{v_2}{v_1} \tag{3-31}$$

同理可得：

$$\Delta s = c_p \ln \frac{T_2}{T_1} - R_{\mathrm{g}} \ln \frac{p_2}{p_1} \tag{3-32}$$

$$\Delta s = c_V \ln \frac{p_2}{p_1} + c_p \ln \frac{v_2}{v_1} \tag{3-33}$$

由式（3-31）~式（3-33）不难看出，理想气体的熵变完全取决于初态和终态，与所经历的过程无关。以上三式适用于理想气体的任何过程，且比定容热容 c_V 和比定压热容 c_p 为定值。

例题 3-3 利用比热容计算热量

有一锅炉设备的空气预热器，要求每小时加热 3500m^3 的空气，使之在 0.11MPa 的压力下从 $25℃$ 升高到 $250℃$。试计算每小时预热空气所需供给的热量。$c_p\big|_0^{250} = 1016\text{J}/(\text{kg}\cdot\text{K})$，$c_p\big|_0^{25} = 1005\text{J}/(\text{kg}\cdot\text{K})$。

解： 根据理想气体状态方程式 $pV_\mathrm{m} = q_m R_\mathrm{g} T$，空气的质量流量为：

$$q_m = \frac{1.01325 \times 10^5 \times 3500}{287 \times 273.15} = 4.52 \times 10^3 \text{kg/h}$$

（1）利用平均比热容计算热量。

则所需热量为：

$$\begin{aligned}
Q &= q_m q = q_m (c_p\big|_0^{250} \times t_2 - c_p\big|_0^{25} \times t_1)\\
&= 4.52 \times 10^3 \times (1016 \times 250 - 1005 \times 25)\\
&= 1.035 \times 10^9 \text{J/h}
\end{aligned}$$

（2）利用定值比热容计算热量。

空气的定值比定压热容为：

$$c_p = \frac{7}{2}R_\mathrm{g} = \frac{7}{2} \times 287 = 1004.5\text{J}/(\text{kg}\cdot\text{K})$$

所需热量为：

$$Q = q_m q = q_m c_p (t_2 - t_1) = 4.52 \times 10^3 \times 1004.5 \times (250 - 25) = 1.021 \times 10^9 \text{J/h}$$

总结：在以上两种计算方法中，采用平均比热容表计算热量比较准确；采用定值比热容计算热量简单，但精确度不高。在解决实际工程问题时，可以根据要求的精度来确定采用何种比热容计算方式。

例题 3-4 热力学能、焓、熵的变化量的计算

质量为 2kg 的氧气，初态时 $p_1 = 1\text{MPa}$、$t_1 = 600℃$。膨胀后终态 $p_2 = 0.1\text{MPa}$、$t_2 = 300℃$。取定值比热容，计算该膨胀过程中氧气的热力学能、焓以及熵的变化量。氧气的气体常数 R_g 为 $260\text{J}/(\text{kg}\cdot\text{K})$。

解： 氧气为双原子气体，其比定容热容为：

$$c_V = \frac{5}{2}R_\mathrm{g} = \frac{5}{2} \times 260 = 650\text{J}/(\text{kg}\cdot\text{K})$$

氧气的比定压热容为：

$$c_p = \frac{7}{2}R_\mathrm{g} = \frac{7}{2} \times 260 = 910\text{J}/(\text{kg}\cdot\text{K})$$

氧气的热力学能、焓、熵的变化量分别为：

$$\Delta U = mc_V(t_2 - t_1) = 2 \times 650 \times (300 - 600) = -3.9 \times 10^5 \text{J}$$

$$\Delta H = mc_p(t_2 - t_1) = 2 \times 910 \times (300 - 600) = -5.46 \times 10^5 \text{J}$$

$$\begin{aligned}
\Delta S &= m\left(c_p \ln\frac{T_2}{T_1} - R_\mathrm{g}\ln\frac{p}{p_1}\right)\\
&= 2 \times \left(910 \times \ln\frac{300 + 273}{600 + 273} - 260 \times \ln\frac{0.1 \times 10^6}{1 \times 10^6}\right)\\
&= 432\text{J/K}
\end{aligned}$$

3.3 理想气体的基本热力过程

热力系统状态连续变化的过程称为热力过程。

实际的热力过程往往非常复杂，都是一些不可逆过程，但多数情况下，通过合理的假设或者加以理想化，根据过程的特点，可以将工程中的常见过程概括为一个或一组简单的典型的可逆过程，如定容过程、定压过程、等温过程和绝热过程，称为工质的基本热力过程。

分析热力过程的方法和步骤是：

（1）根据过程的特征和热力性质，将过程的规律表示为过程方程式 $p = f(v)$；

（2）根据过程方程式和状态方程，确定过程状态参数的变化规律，即初、终状态参数之间的关系；

（3）在 p-v 图和 T-s 图上画出过程曲线，并分析过程的方向；

（4）计算系统中工质的内能变化量、焓的变化量，确定过程的体积变化功（封闭系统）、技术功（开口系统）以及系统与外界交换的热量。

3.3.1 定容过程

一定量工质在状态变化中始终保持体积不变的热力过程称为定容过程。工程上某些热力设备中气体工质的加热过程，由于过程进行得非常快，气体的压强和温度突然升高很多，体积几乎来不及发生改变，就可以看成是定容过程，如内燃机工作时喷入燃油的瞬间空气与燃油的混合燃烧过程，在活塞还来不及运行的短时间内，气体的温度、压强急剧上升，这样的过程就可以看出定容加热过程。

（1）过程方程式：

$$v = 常数 \tag{3-34}$$

（2）初、终态基本状态参数之间的关系。根据理想气体状态方程 $pv = RT$ 和过程方程，可求得初、终状态参数之间的关系为：

$$v_1 = v_2$$
$$\frac{p_2}{p_1} = \frac{T_2}{T_1} \tag{3-35}$$

（3）在 p-v 图和 T-s 图上的表示。因为 $v =$ 常数，所以在 p-v 图上，定容过程为一条垂直于横坐标的直线，如图 3-3（a）所示。在定容加热时，压强随温度的升高而增大，线段 1-2 为定容加热过程；定容放热时，压强随温度的降低而减少，线段 1-2′，为定容放热过程。

按照比熵的定义式 $ds = \dfrac{dq}{T}$ 和真实比热定义式 $c = \dfrac{dq}{dT}$，可得定容过程中 $dq_V = Tds = c_V dT$，故 定容过程在 T-s 图上的过程曲线的斜率：

$$k_V = \left(\frac{\delta T}{\delta s}\right)_V = \frac{T}{c_V} \tag{3-36}$$

因为 $T > 0$，$c_V > 0$，所以斜率为正值，并且随着温度 T 的升高而增加。因此，定容过程在 T-s 图上为一条向上翘的指数曲线，如图 3-3（b）所示。因为点 2 的比熵大于点 1，点

$2'$的比熵小于点1，所以1-2为定容加热过程，1-2'为定容放热过程。

（4）热力学能、焓及熵的变化量的计算。

对于理想气体的定容过程，比热力学能、比焓及比熵的变化量计算公式如下：

$$\Delta u = \int_1^2 c_V \mathrm{d}T = c_V(T_2 - T_1)$$

$$\Delta h = \int_1^2 c_p \mathrm{d}T = c_p(T_2 - T_1)$$

$$\Delta s = \int_1^2 c_V \frac{\mathrm{d}T}{T} = c_V \ln \frac{T_2}{T_1}$$

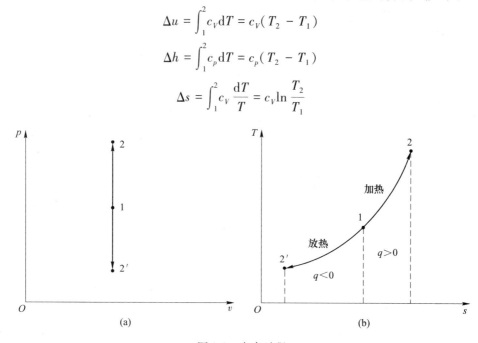

图 3-3　定容过程

（5）功量的计算。

因为定容过程中 $\mathrm{d}v = 0$，所以体积变化功为零，即定容过程中系统与外界无体积变化功的交换。

$$w = \int_1^2 p\mathrm{d}v = 0$$

定容过程的技术功为：

$$w_t = -\int_1^2 v\mathrm{d}p = v(p_1 - p_2) \tag{3-37}$$

由式（3-37）可知，定容过程的技术功等于流体在入、出口处流动功之差。压强降低时技术功为正，系统对外做技术功；反之，压强增加时技术功为负，外界对系统做技术功。

（6）热量的计算。

由热力学第一定律，定容过程中单位质量工质吸收或放出的热量为：

$$q = w + \Delta u = \Delta u = \int_1^2 c_V \mathrm{d}T = c_V(T_2 - T_1) \tag{3-38}$$

可见定容过程中，外界加入封闭系统的热量全部用于增加系统的内能，反之，封闭系统向外界放出的热量全部由系统内能的减少来补偿。此结论直接由热力学第一定律推导，所以适用于任何工质。定容过程的特点可以概括为：工质定容压吸热时，升温、增压；工质定压放热时，降温、减压。

3.3.2 定压过程

一定量工质在状态变化中始终保持压强不变的热力过程称为定压过程。实际热力设备中的很多放热和吸热过程是在接近定压的情况下进行的，比如锅炉中水蒸气的产生过程、蒸汽在冷凝器中的凝结过程等都可看成是定压过程。

（1）过程方程式：

$$p = 常数 \tag{3-39}$$

（2）初、终态基本状态参数之间的关系。

根据理想气体状态方程和过程方程，可求得初、终状态参数之间的关系为：

$$\begin{aligned} p_1 &= p_2 \\ \frac{v_2}{v_1} &= \frac{T_2}{T_1} \end{aligned} \tag{3-40}$$

（3）在 $p\text{-}v$ 图和 $T\text{-}s$ 图上的表示。

因为 $p=$ 常数，所以在 $p\text{-}v$ 图上，定压过程为一条平行于横坐标的直线，如图 3-4（a）所示。在定压加热时，工质的温度升高、体积增大、向外膨胀，如线段 1-2 所示；工质的温度降低、体积减小、被压缩，如线段 1-2' 所示。

按照比熵的定义式 $\mathrm{d}s = \dfrac{\mathrm{d}q}{T}$ 和真实比热容定义式 $c = \dfrac{\mathrm{d}q}{\mathrm{d}T}$，可得定压过程中 $\mathrm{d}q_p = T\mathrm{d}s = c_p\mathrm{d}T$，故定压过程在 $T\text{-}s$ 图上的过程曲线的斜率：

$$k_p = \left(\frac{\delta T}{\delta s}\right)_p = \frac{T}{c_p} \tag{3-41}$$

因为 $T>0$，$c_p>0$，所以斜率为正值，并且随着温度 T 的升高而增加。因此，定压过程在 $T\text{-}s$ 图上为一条向上翘的指数曲线，如图 3-4（b）所示。

比较式（3-36）和式（3-41），因为在同一温度下同种气体的定压比热总是大于定容比热，即 $c_p>c_V$，所以 $k_p<k_V$，即图上同一温度下定容过程线的斜率比定压过程线的斜率大，定容过程线要比定压线陡峭，如图 3-4（b）所示。

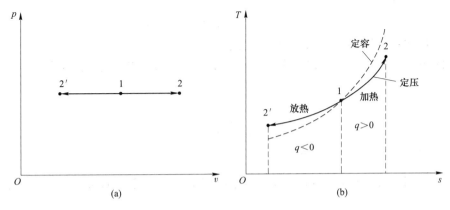

图 3-4 定压过程

（4）热力学能、焓及熵的变化量的计算。

对于理想气体的定容过程，热力学能、焓及熵的变化量计算公式如下：

$$\Delta u = \int_1^2 c_V \mathrm{d}T = c_V(T_2 - T_1)$$

$$\Delta h = \int_1^2 c_p \mathrm{d}T = c_p(T_2 - T_1)$$

$$\Delta s = \int_1^2 c_p \frac{\mathrm{d}T}{T} = c_p \ln \frac{T_2}{T_1}$$

（5）功量的计算。

因为定压过程中 $\mathrm{d}p = 0$，根据可逆过程中体积变化功的计算公式，定压过程的体积变化功为：

$$w = \int_1^2 p\mathrm{d}v = p(v_2 - v_1) \tag{3-42}$$

由式（3-42）可知，定压过程中体积变化功没有对外输出，完全用于流体在入口、出口处流动功的增加。

定压过程的技术功为0，即定压过程中系统与外界无技术功交换：

$$w_{\mathrm{t}} = -\int_1^2 v\mathrm{d}p = 0$$

（6）热量的计算。

由热力学第一定律，定压过程中单位质量工质吸收或放出的热量为：

$$q = w_{\mathrm{t}} + \Delta h = \Delta h = \int_1^2 c_p \mathrm{d}T = c_p(T_2 - T_1) \tag{3-43}$$

可见定压过程中，工质吸收或放出的热量等于其焓的变化。定压过程的特点可以概括为：工质定压吸热时，升温、膨胀；工质定压放热时，降温、被压缩。

3.3.3　定温过程

一定量工质在状态变化时，温度始终保持不变的过程称为定温过程。比如，如果气缸外套的冷却效果非常理想，压缩过程中气体的温度几乎不升高，可认为是定温过程。

（1）过程方程式：

$$pv = 常数 \tag{3-44}$$

（2）初、终态基本状态参数之间的关系。

根据理想气体状态方程和过程方程，可求得初、终状态参数之间的关系为：

$$T_1 = T_2$$

$$\frac{p_2}{p_1} = \frac{v_1}{v_2} \tag{3-45}$$

（3）在 $p\text{-}v$ 图和 $T\text{-}s$ 图上的表示。

因为 $pv = 常数$，所以在 $p\text{-}v$ 图上，定温过程是一条等边双曲线，且有 $k_T = \left(\frac{\delta p}{\delta v}\right)_T$

$= -\frac{p}{v}$，如图 3-5（a）所示。在 $T\text{-}s$ 图上，定温过程为一条平行于横坐标的直线，如图 3-5（b）所示。工质定温吸热时，熵增，膨胀对外做功，如线段 1-2 所示；工质定温放热时，熵减、外界压缩工质，对工质做功，如线段 1-2′所示。

（4）热力学能、焓及熵的变化量的计算。

对于理想气体的定温过程，热力学能、焓及熵的变化量计算公式如下：

$$\Delta u = 0$$

$$\Delta h = 0$$

$$\Delta s = R_g \ln \frac{v_2}{v_1} = R_g \ln \frac{p_1}{p_2}$$

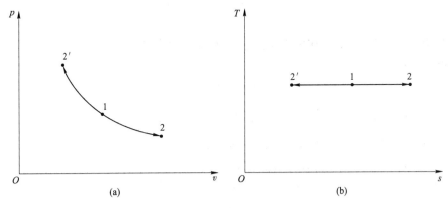

图 3-5　定温过程

（5）功量的计算。

根据可逆过程中体积变化功的计算公式，定温过程的体积变化功为：

$$w = \int_1^2 p\mathrm{d}v = \int_1^2 R_g T \frac{\mathrm{d}v}{v} = R_g T \ln \frac{v_2}{v_1} = R_g T \ln \frac{p_1}{p_2} = p_1 v_1 \ln \frac{p_1}{p_2} \qquad (3\text{-}46)$$

定温过程的技术功为：

$$w_t = -\int_1^2 v\mathrm{d}p = -\int_1^2 R_g T \frac{\mathrm{d}p}{p} = R_g T \ln \frac{p_1}{p_2} \qquad (3\text{-}47)$$

由式（3-46）和式（3-47）可见，定温过程中体积变化功与技术功在数值上相等。

（6）热量的计算。

由热力学第一定律：

$$q = w = w_t = R_g T \ln \frac{v_2}{v_1} = R_g T \ln \frac{p_1}{p_2} \qquad (3\text{-}48)$$

由式（3-48）可知，理想气体定温膨胀时，加入的热量全部用于对外做功。反之，定温压缩时，外界消耗的功，全部转换为热，并对外放出。

根据可逆过程熵的定义式，定温过程中的热量又可以用下式计算：

$$q = \int_1^2 T\mathrm{d}s = T(s_2 - s_1) \qquad (3\text{-}49)$$

值得注意的是，定温过程是指系统本身的温度没有改变，并不是说系统与外界没有温差。而系统的温度之所以没有变化，是因为系统所吸收的热量全部用于对外做功。定温过程中的比热容 $c = \dfrac{\delta q}{\mathrm{d}T} \to \infty$，故不能用 $q = \int_1^2 c\mathrm{d}T$ 来计算定温过程中的热量。

定温过程的特点可以概括为：工质定温吸热时，膨胀对外做功，压强降低；工质定温放热时，被压缩，压强升高。

3.3.4　定熵过程

一定量工质在状态变化时与外界没有热量交换的热力过程称为绝热过程。例如，气体在汽轮机和燃气轮机喷管中的膨胀过程，即可看作为绝热过程。可逆绝热过程即是定熵过程。

（1）过程方程式为：

$$ds = 0 \quad 或 \quad s = 常数$$

$$pv^\gamma = 常数$$

理想气体的比热容比 γ，在可逆绝热过程中又称为绝热指数，用 k 表示。因此，可逆绝热过程的过程方程式为：

$$pv^k = 常数 \tag{3-50}$$

式中，$k = \dfrac{c_p}{c_V}$，如果不考虑绝热指数随温度的变化，对于各种理想气体，单原子气体 $k = 1.67$，双原子气体 $k = 1.4$，多原子气体 $k = 1.29$。

（2）初、终态基本状态参数之间的关系。

根据理想气体状态方程和过程方程，可求得初、终状态参数之间的关系为：

$$\frac{p_2}{p_1} = \left(\frac{v_1}{v_2}\right)^k \tag{3-51}$$

$$\frac{T_2}{T_1} = \left(\frac{v_1}{v_2}\right)^{k-1} \tag{3-52}$$

$$\frac{T_2}{T_1} = \left(\frac{p_2}{p_1}\right)^{\frac{k-1}{k}} \tag{3-53}$$

（3）在 p-v 图和 T-s 图上的表示。

因为 $pv^k = 常数$，所以在 p-v 图上，定熵过程是一条高次双曲线，且有 $k_s = \left(\dfrac{\delta p}{\delta v}\right)_s = -k\dfrac{p}{v}$，如图 3-6（a）所示。工质定熵膨胀时，降温、降压，如线段 1-2 所示；工质定熵压缩时，升温、升压，如线段 1-2′ 所示。定熵过程线的斜率绝对值大于定温过程线斜率的绝对值。在 T-s 图上，定熵过程为一条垂直于横坐标的直线，如图 3-6（b）所示。

（4）热力学能、焓及熵的变化量的计算。

对于理想气体的定熵过程，热力学能、焓及熵的变化量计算公式如下：

$$\Delta u = \int_1^2 c_V dT = c_V(T_2 - T_1)$$

$$\Delta h = \int_1^2 c_p dT = c_p(T_2 - T_1)$$

$$\Delta s = 0$$

（5）功量的计算。

对于理想气体的绝热过程，比定容热容为常数时，体积变化功为：

$$w = c_V(T_1 - T_2) = \frac{1}{k-1}R_g(T_1 - T_2)$$

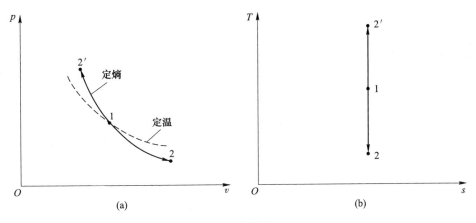

图 3-6　定熵过程

对于理想气体的定熵过程，体积变化功为：

$$w = \frac{R_g T_1}{k-1}\left[1 - \left(\frac{p_2}{p_1}\right)^{\frac{k-1}{k}}\right] \tag{3-54}$$

定熵过程的技术功为：

$$w_t = \frac{k}{k-1}R_g T_1\left[1 - \left(\frac{p_2}{p_1}\right)^{\frac{k-1}{k}}\right] \tag{3-55}$$

对比式（3-54）和式（3-55）可得：

$$w_t = kw \tag{3-56}$$

即定熵过程中技术功是体积变化功的 k 倍。

（6）热量的计算。

$$q = 0$$

绝热过程中，气体与外界无热量交换，过程功来自工质本身的能量转换。

定熵过程的特点可以概括为：工质定熵膨胀时，降温、降压；工质定熵压缩时，升温、升压。

3.4　理想气体的多变过程

3.3 节讨论的四个基本热力过程有一共同特点，即都有一个状态参数保持不变，而实际过程往往是气体所有状态参数都在变化。为了便于分析，下面介绍一种比较一般化，而仍按一定规律变化的多变过程。

凡是在状态变化中满足 $pv^n = $ 常数 的过程，就称为多变过程。n 称为多变指数，由实验测定，取值范围为$-\infty < n < \infty$。热力设备中大部分过程可用多变过程分析，可将实际过程分成几段，各段的 n 值各不相同，但每一段的 n 值保持不变。

四个基本热力过程都是多变过程的特例：

当 $n = 0$ 时，$pv^0 = p = $常数，即定压过程；

当 $n = 1$ 时，$pv^1 = pv = $常数，即定温过程；

当 $n = k$ 时，$pv^k =$ 常数，即定熵过程；

当 $n = \pm\infty$ 时，对 $pv^n =$ 常数 开 n 次方，得 $p^{\frac{1}{n}}v =$ 常数，可以看出，$n\to\infty$，有 $v =$ 常数，即定容过程。

（1）过程方程式：

$$pv^n = 常数 \tag{3-57}$$

（2）初、终态基本状态参数之间的关系。

与定熵过程类似，将 k 换成 n，可求得多变过程初、终状态参数之间的关系为：

$$\frac{p_2}{p_1} = \left(\frac{v_1}{v_2}\right)^n \quad 或 \quad pv^n = 常数 \tag{3-58}$$

$$\frac{T_2}{T_1} = \left(\frac{v_1}{v_2}\right)^{n-1} \quad 或 \quad Tv^{n-1} = 常数 \tag{3-59}$$

$$\frac{T_2}{T_1} = \left(\frac{p_2}{p_1}\right)^{\frac{n-1}{n}} \quad 或 \quad Tp^{\frac{1-n}{n}} = 常数 \tag{3-60}$$

（3）在 p-v 图和 T-s 图上的表示。

在 p-v 图和 T-s 图上，多变过程是一条任意的双曲线，过程线的相对位置取决于 n 值。n 值不同的多变过程表现出不同的过程特征。

1）p-v 图。在 p-v 图上，多变过程线的斜率为：

$$\left(\frac{\delta p}{\delta v}\right)_n = -n\frac{p}{v}$$

如果从同一初态出发，其 p、v 值相同，过程线的斜率取决于值 n。当 $n>0$ 时，$\frac{\mathrm{d}p}{\mathrm{d}v}<0$，即 $\mathrm{d}p$ 与 $\mathrm{d}v$ 符号相反，说明压缩工质时，压强升高，体积减小；而工质膨胀时，压强降低，体积增大。热工设备中的多变过程多为这种情况。

四种基本热力过程的斜率分别为：

当 $n = 0$ 时，$\left(\frac{\delta p}{\delta v}\right)_p = 0$，定压线为一条水平线；

当 $n = 1$ 时，$\left(\frac{\delta p}{\delta v}\right)_T = -\frac{p}{v}<0$，定温线为一条斜率为负的等边双曲线；

当 $n = k$ 时，$\left(\frac{\delta p}{\delta v}\right)_s = -k\frac{p}{v}<0$，定熵线为一条高次双曲线，其斜率绝对值大于定温线；

当 $n = \pm\infty$ 时，$\left(\frac{\delta p}{\delta v}\right)_V \to \infty$，定容线为一条垂直线。

在 p-v 图上，通过同一初态的四条基本热力过程线如图 3-7（a）所示。多变过程线的分布规律为：从定容线出发，n 值由 $-\infty \to 0 \to 1 \to k \to +\infty$，沿顺时针方向递增。

2）T-s 图。在 T-s 图上，多变过程线的斜率为：

$$\left(\frac{\delta T}{\delta s}\right)_n = \frac{T}{c_n}$$

式中，c_n 为多变比热容，$c_n = \frac{n-k}{n-1}c_V$。随着 n 值的不同，c_n 可以是正数（工质吸热温度升高、工质放热温度降低），也可以是负数（工质吸热温度降低、工质放热温度升高），也可以是 0（绝热过程），也可以是无穷大（定温过程）。

四个基本热力过程的斜率和比热容分别为：

当 $n = 0$ 时，$c_n = kc_V = c_p$，$\left(\dfrac{\delta T}{\delta s}\right)_p = \dfrac{T}{c_p} > 0$，定压线为一条斜率为正的指数曲线；

当 $n = 1$ 时，$c_n \to \infty$，$\left(\dfrac{\delta T}{\delta s}\right)_T = 0$，定温线为一条水平线；

当 $n = k$ 时，$c_n = 0$，$\left(\dfrac{\delta T}{\delta s}\right)_s \to \infty$，定熵线为一条垂直线；

当 $n = \pm\infty$ 时，$c_n = c_V$，$\left(\dfrac{\delta T}{\delta s}\right)_V = \dfrac{T}{c_V} > 0$，定容线为一条斜率为正的指数曲线，定容线的斜率大于定压线的斜率。

在 T-s 图上，通过同一初态的四条基本热力过程线如图 3-7（b）所示。多变过程线的分布规律为：仍然从定容线出发，n 值由 $-\infty \to 0 \to 1 \to k \to +\infty$，沿顺时针方向递增。

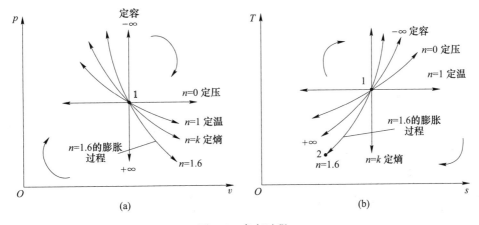

图 3-7 多变过程

在 p-v 图和 T-s 图上绘制一条多变过程线的方法和过程如下：首先确定 n 值，根据 n 值，可以确定该多变过程的大致方位，然后根据多变过程的特点，比如吸热或放热、膨胀或被压缩等，就可以确定过程的具体方向。例如，对于 $k = 1.4$ 的某种气体，按 $n = 1.6$ 的多变过程膨胀工作时，在坐标图上的表示如过程 1-2，可见该过程膨胀对外做功、工质放热、降温、降压。

（4）热力学能、焓及熵的变化量的计算。

对于理想气体的多变过程，热力学能、焓及熵的变化量计算公式如下：

$$\Delta u = \int_1^2 c_V \mathrm{d}T = c_V(T_2 - T_1)$$

$$\Delta h = \int_1^2 c_p \mathrm{d}T = c_p(T_2 - T_1)$$

$$\Delta s = \int_1^2 c_V \frac{\mathrm{d}T}{T} + R_g \ln \frac{v_2}{v_1}$$

$$\Delta s = \int_1^2 c_p \frac{\mathrm{d}T}{T} - R_g \ln \frac{p_2}{p_1}$$

$$\Delta s = \int_1^2 c_V \frac{\mathrm{d}p}{p} + \int_1^2 c_p \frac{\mathrm{d}v}{v}$$

（5）功量的计算。

体积变化功为：

$$w = \int_1^2 p \mathrm{d}v$$

当 $n \neq 1$ 时，将 $p = \dfrac{p_1 v_1^n}{v^n}$ 代入上式，积分后可得：

$$w = \frac{1}{n-1}(p_1 v_1 - p_2 v_2) = \frac{1}{n-1} R_g (T_1 - T_2) \tag{3-61}$$

当 $n \neq 0$，且 $n \neq 1$ 时，式（3-61）可以进一步表示为：

$$w = \frac{R_g T_1}{n-1} \left[1 - \left(\frac{p_2}{p_1} \right)^{\frac{n-1}{n}} \right] \tag{3-62}$$

技术功为：

$$w_t = - \int_1^2 v \mathrm{d}p$$

将过程方程式 $pv^n =$ 常数微分，可得 $v \mathrm{d}p = -np \mathrm{d}v$。当 $n \neq \infty$ 时，代入上式可得：

$$w_t = \int_1^2 np \mathrm{d}v = n \int_1^2 p \mathrm{d}v = nw \tag{3-63}$$

即多变过程中技术功是体积变化功的 n 倍。

（6）热量的计算。

当 $n = 1$ 时，为定温过程，由热力学第一定律可知：

$$q = w$$

当 $n \neq 1$ 时，令比热容为定值，则：

$$q = \Delta u + w = c_V (T_2 - T_1) + \frac{1}{n-1} R_g (T_1 - T_2)$$

$$= \left(c_V - \frac{R_g}{n-1} \right) (T_2 - T_1) \tag{3-64}$$

将 $c_V = \dfrac{R_g}{k-1}$ 代入上式，可得：

$$q = \frac{n-k}{n-1} c_V (T_2 - T_1) = c_n (T_2 - T_1) \tag{3-65}$$

根据过程线在 p-v 图和 T-s 图上的位置，可判断过程中 w、w_t、q、Δu 和 Δh 的正负。假定讨论的所有过程线都从同一起点出发，那么：

定容线是判断体积功 w 正负的基准线，在它右方各过程线的 $w > 0$，左方各过程线的 $w < 0$；

定压线是判断技术功 w_t 正负的基准线，在它上方各过程线的 $w_t<0$，下方各过程线的 $w_t>0$；

定熵线是判断热量 q 正负的基准线，在它右方各过程线的 $q>0$，左方各过程线的 $q<0$；

定温线是判断 Δu、Δh 正负的基准线，在它上方各过程线的 $\Delta u>0$、$\Delta h>0$，下方各过程线的 $\Delta u<0$、$\Delta h<0$。

因此，将 $p\text{-}v$ 图和 $T\text{-}s$ 图结合起来分析，就能简捷地了解任意过程热力学能、焓、热量、功量的变化。

例题 3-5 定容过程和定压过程

1kg 空气，初始状态为 $p_1=0.1\text{MPa}$，$t_1=100℃$，分别经过定容过程 $1\text{-}2_V$ 和定压过程 $1\text{-}2_p$（见图 3-8）加热到同一温度 $t_2=400℃$。设 $c_V=0.717\text{kJ}/(\text{kg}\cdot\text{K})$，$c_p=1.004\text{kJ}/(\text{kg}\cdot\text{K})$，试求：（1）两过程的终态压强和比体积；（2）两过程的 Δu、Δh、Δs、q、w 和 w_t。

解： 空气的气体常数：

$$R_\text{g}=c_p-c_V=(1.004-0.717)\times10^3=287\text{J}/(\text{kg}\cdot\text{K})$$

初态的比体积：

$$v_1=\frac{R_\text{g}T_1}{p_1}=\frac{287\times(100+273)}{0.1\times10^6}=1.0705\text{m}^3/\text{kg}$$

（1）定容过程。

终态比体积：

$$v_{2_V}=v_1=1.0705\text{m}^3/\text{kg}$$

终态压强：

$$p_{2_V}=\frac{T_2}{T_1}p_1=\frac{400+273}{100+273}\times0.1\times10^6=0.1804\times10^6\text{Pa}$$

比热力学能变化：

$$\Delta u_{1\text{-}2_V}=c_V(t_2-t_1)=0.717\times(400-100)=215.1\text{kJ}/\text{kg}$$

比焓变化：

$$\Delta h_{1\text{-}2_V}=c_p(t_2-t_1)=1.004\times(400-100)=301.2\text{kJ}/\text{kg}$$

比熵变化：

$$\Delta s_{1\text{-}2_V}=c_V\ln\frac{T_2}{T_1}=0.717\times\ln\frac{400+273}{100+273}=0.4231\text{kJ}/(\text{kg}\cdot\text{K})$$

$$q=\Delta u_{1\text{-}2_V}=c_V(t_2-t_1)=215.1\text{kJ}/\text{kg}$$

膨胀功：

$$w=0$$

技术功：

$$w_t=q-\Delta h_{1\text{-}2_V}=215.1-301.2=-86.1\text{kJ}/\text{kg}$$

（2）定压过程。

终态比体积：

$$v_{2_p}=\frac{T_2}{T_1}v_1=\frac{400+273}{100+273}\times1.0705=1.9315\text{m}^3/\text{kg}$$

终态压强：

$$p_2 = p_1 = 0.1 \times 10^6 \, \text{Pa}$$

比热力学能变化：

$$\Delta u_{1\text{-}2_p} = c_V(t_2 - t_1) = 0.717 \times (400 - 100) = 215.1 \, \text{kJ/kg}$$

比焓变化：

$$\Delta h_{1\text{-}2_p} = c_p(t_2 - t_1) = 1.004 \times (400 - 100) = 301.2 \, \text{kJ/kg}$$

比熵变化：

$$\Delta s_{1\text{-}2_V} = c_p \ln \frac{T_2}{T_1} = 1.004 \times \ln \frac{400 + 273}{100 + 273} = 0.5925 \, \text{kJ/(kg} \cdot \text{K)}$$

$$q = \Delta u_{1\text{-}2_p} = c_p(t_2 - t_1) = 301.2 \, \text{kJ/kg}$$

膨胀功：

$$w = q - \Delta u_{1\text{-}2_p} = 301.2 - 215.1 = 86.1 \, \text{kJ/kg}$$

技术功：

$$w_t = 0$$

定容过程线 $1\text{-}2_V$ 和定压过程线 $1\text{-}2_p$ 在 $p\text{-}v$ 图和 $T\text{-}s$ 图上的表示：

总结：（1）理想气体的热力学能和焓是温度的单值函数，由于定容过程和定压过程的初、状态温度相同，因此两过程中热力学能的变化量、焓的变化量相同。（2）在 $p\text{-}v$ 图和 $T\text{-}s$ 图上绘制定容过程线 $1\text{-}2_V$ 和定压过程线 $1\text{-}2_p$，如图 3-8 所示。

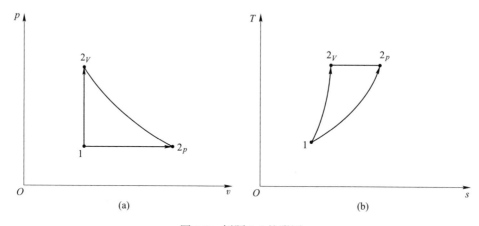

图 3-8　例题 3-5 的附图

例题 3-6 定温过程、定熵过程和多变过程的计算

空气以 $q_m = 0.012 \, \text{kg/s}$ 的质量流量稳定流过压缩机，入口压强 $p_1 = 0.102 \, \text{MPa}$、温度 $T_1 = 305 \, \text{K}$；出口压强 $p_2 = 0.51 \, \text{MPa}$，然后进入储气罐。试求空气的比焓变 Δh、比熵变 Δs、压缩机的功率 P_t 以及每小时散热量 Q。设空气分别按（1）定温过程压缩；（2）定熵过程压缩；（3）$n = 1.28$ 的多变过程压缩，比热容取定值。

解： 空气是双原子气体 $k = 1.4$，比定容热容 $c_V = \dfrac{5}{2} R_g = 0.717 \, \text{kJ/(kg} \cdot \text{K)}$，比定压热容

$$c_p = \frac{7}{2}R_g = 1.004\text{kJ/(kg} \cdot \text{K)}$$

（1）定温过程

终态温度：$\qquad\qquad T_{2_T} = T_1 = 305\text{K}$

比焓变：$\qquad\qquad \Delta h_T = 0$

比熵变：$\qquad \Delta s_T = R_g\ln\frac{p_1}{p_2} = 0.287 \times \ln\frac{0.102}{0.51} = -0.4619\text{kJ/(kg} \cdot \text{K)}$

技术功：$\qquad w_{t,T} = R_g T_1 \ln\frac{p_1}{p_2} = 305 \times (-0.4619) = -140.88\text{kJ/kg}$

技术功率：$\qquad P_{t,T} = |q_m w_{t,T}| = 0.012 \times 140.88 = 1.69\text{kW}$

散热量：$\qquad\qquad q_T = w_{t,T} = -140.88\text{kJ/kg}$

每小时散热量：$\qquad Q_T = q_m q_T = 0.012 \times 3600 \times (-140.88) = -6086.0\text{kJ/h}$

（2）定熵过程压缩

终态温度：$\qquad T_{2_s} = \left(\frac{p_2}{p_1}\right)^{\frac{k-1}{k}} T_1 = \left(\frac{0.51}{0.102}\right)^{\frac{1.4-1}{1.4}} \times 305 = 483.1\text{K}$

比焓变：$\quad \Delta h_s = c_p(T_2 - T_1) = 1.004 \times (483.1 - 305) = 178.81\text{kJ/kg}$

比熵变：$\qquad\qquad \Delta s_s = 0$

技术功：$\qquad\qquad w_{t,s} = -\Delta h_s = -178.81\text{kJ/kg}$

技术功率：$\qquad P_{t,s} = |q_m w_{t,s}| = 0.0102 \times 178.81 = 2.15\text{kW}$

散热量：$\qquad\qquad q_s = 0$

每小时散热量：$\qquad\qquad Q_s = q_m q_s = 0$

（3）$n = 1.28$ 的多变过程压缩

终态温度：$\qquad T_{2_n} = \left(\frac{p_2}{p_1}\right)^{\frac{n-1}{n}} T_1 = \left(\frac{0.51}{0.102}\right)^{\frac{1.28-1}{1.28}} \times 305 = 433.71\text{K}$

比焓变：$\quad \Delta h_n = c_p(T_2 - T_1) = 1.004 \times (433.71 - 305) = 129.22\text{kJ/kg}$

比熵变：$\Delta s_n = c_p\ln\frac{T_2}{T_1} - R_g\ln\frac{p_2}{p_1} = 1.004 \times \ln\frac{433.71}{305} - 0.287 \times \ln\frac{0.51}{0.102}$

$$= -0.1084\text{kJ/(kg} \cdot \text{K)}$$

技术功：$\quad w_{t,n} = \frac{nR_g T_1}{n-1}\left[1 - \left(\frac{p_2}{p_1}\right)^{\frac{n-1}{n}}\right] = \frac{1.28 \times 0.287 \times 305}{1.28 - 1}\left[1 - \left(\frac{0.51}{0.102}\right)^{\frac{1.28-1}{1.28}}\right]$

$$= -168.87\text{kJ/kg}$$

技术功率：$\qquad P_{t,n} = |q_m w_{t,n}| = 0.0102 \times 168.87 = 2.03\text{kW}$

散热量：$\quad q_n = \Delta h_n + w_{t,n} = 129.22 - 168.87 = -39.65\text{kJ/kg}$

每小时散热量：$\qquad Q_n = q_m q_n = 0.012 \times 3600 \times (-39.65) = -1712.88\text{kJ/h}$

总结：技术功为负值表示压缩机耗功，压缩机消耗功率的大小习惯上取绝对值。热量为负值表示压缩过程中气体向外界放出热量。

表3-2所列为理想气体可逆过程计算时经常用到的公式。

表 3-2　理想气体可逆过程常用计算公式表

过　　程	定容过程	定压过程	定温过程	定熵过程	多变过程
多变指数 n	$\pm\infty$	0	1	k	$-\infty < n < +\infty$
过程比热容	c_V	c_p	∞	0	$c_n = \dfrac{n-k}{n-1}c_V$
过程方程式	$v = 常数$	$p = 常数$	$pv = 常数$	$pv^k = 常数$	$pv^n = 常数$
初、终态 参数关系式	$v_1 = v_2$ $\dfrac{p_2}{p_1} = \dfrac{T_2}{T_1}$	$p_1 = p_2$ $\dfrac{v_2}{v_1} = \dfrac{T_2}{T_1}$	$T_1 = T_2$ $\dfrac{p_2}{p_1} = \dfrac{v_1}{v_2}$	$\dfrac{p_2}{p_1} = \left(\dfrac{v_1}{v_2}\right)^k$ $\dfrac{T_2}{T_1} = \left(\dfrac{v_1}{v_2}\right)^{k-1}$ $\dfrac{T_2}{T_1} = \left(\dfrac{p_2}{p_1}\right)^{\frac{k-1}{k}}$	$\dfrac{p_2}{p_1} = \left(\dfrac{v_1}{v_2}\right)^n$ $\dfrac{T_2}{T_1} = \left(\dfrac{v_1}{v_2}\right)^{n-1}$ $\dfrac{T_2}{T_1} = \left(\dfrac{p_2}{p_1}\right)^{\frac{n-1}{n}}$
体积变化功 $w = \int_1^2 pdv$	$w = 0$	$w = p(v_2 - v_1)$ $= R_g(T_2 - T_1)$	$w = R_g T \ln\dfrac{v_2}{v_1}$ $= R_g T \ln\dfrac{p_1}{p_2}$ $= p_1 v_1 \ln\dfrac{p_1}{p_2}$	$w = -\Delta u = \dfrac{1}{k-1}R_g(T_1 - T_2)$ $= \dfrac{R_g T_1}{k-1}\left[1 - \left(\dfrac{p_2}{p_1}\right)^{\frac{k-1}{k}}\right]$	$w = \dfrac{1}{n-1}(p_1 v_1 - p_2 v_2)$ $= \dfrac{1}{n-1}R_g(T_1 - T_2)$ $= \dfrac{R_g T_1}{n-1}\left[1 - \left(\dfrac{p_2}{p_1}\right)^{\frac{n-1}{n}}\right]$

续表3-2

过程	定容过程	定压过程	定温过程	定熵过程	多变过程
技术功 $w_t = -\int_1^2 v\,dp$	$\begin{aligned} w_t &= v(p_1 - p_2) \\ &= R_g(T_1 - T_2) \end{aligned}$	$w_t = 0$	$w_t = w$	$w_t = -\Delta h = kw$	$w_t = nw$
热量 $q = \int_1^2 c_V dT = \int_1^2 T ds$	$q = c_V(T_2 - T_1)$	$q = c_p(T_2 - T_1)$	$q = R_g T \ln \dfrac{p_1}{p_2} = T(s_2 - s_1)$	$q = 0$	$q = \dfrac{n-k}{n-1} c_V(T_2 - T_1)\,(n \neq 1)$
Δu 计算式	$\Delta u = q$	$\Delta u = c_V(T_2 - T_1)$	$\Delta u = 0$	$\Delta u = c_V(T_2 - T_1)$	$\Delta u = c_V(T_2 - T_1)$
Δh 计算式	$\Delta h = c_p(T_2 - T_1)$	$\Delta h = q$	$\Delta h = 0$	$\Delta h = c_p(T_2 - T_1)$	$\Delta h = c_p(T_2 - T_1)$
Δs 计算式	$\Delta s = c_V \ln \dfrac{T_2}{T_1}$	$\Delta s = c_p \ln \dfrac{T_2}{T_1}$	$\Delta s = R_g \ln \dfrac{v_2}{v_1} = R_g \ln \dfrac{p_1}{p_2}$	$\Delta s = 0$	$\begin{aligned} \Delta s &= \int_1^2 c_V \dfrac{dT}{T} + R_g \ln \dfrac{v_2}{v_1} \\ \Delta s &= \int_1^2 c_p \dfrac{dT}{T} - R_g \ln \dfrac{p_2}{p_1} \\ \Delta s &= \int_1^2 c_V \dfrac{dp}{p} + \int_1^2 c_p \dfrac{dv}{v} \end{aligned}$

复习思考与练习题

3-1 分析理想气体的热力过程要解决哪些问题，用什么方法解决，试以理想气体的定压过程为例进行说明。

3-2 定温过程是等热力学能和等焓过程，这一结论是否适用于任意工质？

3-3 为什么说定容、定压、定温和定熵过程是多变过程的特殊情况？

3-4 $ds = 0$ 和 $\Delta s = 0$ 有何区别？定熵过程的过程方程式可否写为 $\Delta s = 0$ 或 $s_1 = s_2$ 或 $s =$ 常数？

3-5 定熵过程的过程方程是否一定是 $pv^k =$ 常数，有何条件限制？

3-6 对于理想气体的任何一种过程，下述两组公式是否都适用？

$$\begin{cases} \Delta u = c_V(t_2 - t_1) \\ \Delta h = c_p(t_2 - t_1) \end{cases}$$

$$\begin{cases} q = \Delta u = c_V(t_2 - t_1) \\ q = \Delta h = c_p(t_2 - t_1) \end{cases}$$

3-7 如图 3-9 所示，1-2、4-3 各为定容过程；1-4、2-3 各为定压过程，试 $q_{1\text{-}2\text{-}3} \neq q_{1\text{-}4\text{-}3}$。

3-8 如图 3-10 所示，$a\text{-}b$、$c\text{-}d$ 为任意过程，而点 b 和点 c 在同一条绝热线上，试问：Δu_{ab} 与 Δu_{ac} 哪个大？又如 b 及 c 在同一条定温线上，结果又如何？

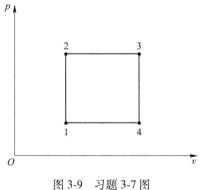

图 3-9　习题 3-7 图

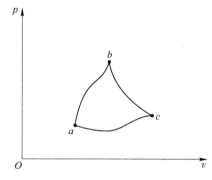

图 3-10　习题 3-8 图

3-9 工质为理想气体时，在 $p\text{-}v$ 图上如何判断给定过程中 q、Δh 和 Δu 的正负？

3-10 工质为理想气体时，在 $T\text{-}s$ 图上如何判断某给定过程中工质对外界做功的正负？

3-11 将满足下列条件的多变过程在图上表示出来（先画出四个基本过程作参照）：（1）工质又膨胀、又放热；（2）工质又膨胀、又升压；（3）工质又受压缩、又升温、又放热；（4）工质又受压缩、又升温、又吸热；（5）工质又压缩、又降温、又降压；（6）工质又放热、又降温、又升压。

3-12 一个体积为 0.1m³ 的刚性封闭容器中盛有温度为 15℃、压强为 0.1MPa 的氢气，问在加入 20kJ 的热量后，其压强及温度将上升至多少？气体的熵变化量是多少？设氢气 $c_V = 10.22\text{kJ}/(\text{kg} \cdot \text{K})$，$R_g = 4214.4\text{J}/(\text{kg} \cdot \text{K})$。

3-13 压气机吸入标准状态下空气 150m³，将空气在定温下压缩到表压强为 3MPa，试求用于冷却压气机气缸的冷却水必须带走多少热量。

3-14 有一气缸，其中氮气的压强为 0.15MPa，温度为 300K。如果按两种不同的过程变化：

1. 在定压下温度变化到 450K；

2. 在定温下压强下降到 0.1MPa，然后在定容下压强变化到 0.15MPa 及 450℃。

试求：两种过程中热力学能和熵的变化，以及从外界吸收的热量。

3-15 氧气由 $p_1 = 0.1\text{MPa}$、$t_1 = 40℃$，被定温压缩到 $p_2 = 0.4\text{MPa}$。

1. 试计算压缩每 1kg 氧气所消耗的技术功；

2. 如果按绝热过程，初始状态和终压与上述相同，试计算压缩每 1kg 氧气消极的技术功；

3. 将它们表示在同一个 $p\text{-}v$ 图和 $T\text{-}s$ 图上，试比较两种情况技术功的大小。

3-16 在柴油机气缸中，空气沿绝热线压缩。设 $p_1 = 0.14\text{MPa}$、$t_1 = 50℃$、压缩终点温度 $t_2 = 650℃$，试求压缩终点的压强 p_2 和初、终比体积之比 $\dfrac{v_1}{v_2}$。

3-17 体积 $V = 0.6\text{m}^3$ 的空气瓶内装有压强 $p_1 = 10\text{MPa}$、$t_1 = 27℃$ 的压缩空气，打开压缩空气瓶上阀门以后启动柴油机。假定留在瓶中的空气进行的是可逆绝热膨胀。设空气的比热容为定值，$R_g = 0.287\text{kJ/(kg·K)}$。

1. 问瓶中压强降低到 $p_2 = 7\text{MPa}$ 时，消耗掉多少千克空气，这时瓶中空气的温度是多少？假定空气瓶的体积不因压强和温度而改变。

2. 过了一段时间后，瓶中空气从室内空气中吸热，温度又逐渐恢复到 27℃，此时空气瓶中压缩空气的压强 p_3 为多少？

3-18 在压气机中，将二氧化碳沿绝热线压缩。设 $p_1 = 0.1\text{MPa}$、$t_1 = 0℃$，压缩终点的压强 $p_2 = 0.5\text{MPa}$。试求压缩终点的温度和单位质量技术功。

3-19 燃气在燃气轮机中进行绝热膨胀，设初始 $p_1 = 0.6\text{MPa}$、$t_1 = 600℃$，膨胀终点的压强 $p_2 = 0.3\text{MPa}$。试求：

1. 膨胀终点的温度和单位质量技术功；

2. 若考虑实际过程为不可逆绝热膨胀，并测得膨胀终点的温度 $t_2 = 350℃$，实际过程的单位质量技术功又是多少，并比较可逆与不可逆绝热过程技术功的大小。（燃气的比热容与空气相同，实际绝热过程的功，按热力学第一定律 $w_t = -\Delta h = c_p(t_1 - t_2)$ 计算。）

3-20 某柴油机中，空气按 $n = 1.35$ 的多变过程进行压缩。设初始 $p_1 = 0.14\text{MPa}$、$t_1 = 50℃$，终了温度 $t_2 = 700℃$。试求：

1. 压缩终点的压强；

2. 外界对空气做的单位质量压缩功和空气向外界放出的单位质量热量。

3-21 某柴油机气缸中，空气按某一多变过程进行压缩。设初态 $p_1 = 0.1\text{MPa}$、$t_1 = 60℃$，体积 $V_1 = 0.032\text{m}^3$；终态 $p_2 = 3.2\text{MPa}$，体积 $V_1 = 0.00213\text{m}^3$。试求：

1. 多变指数 n；

2. 热力学能的变化量、放出的热量和压缩功。

3-22 质量为 2kg 的某理想气体按可逆多变过程膨胀至原来体积的 3 倍，温度从 300℃ 降到 60℃，膨胀期间做膨胀功 418.68kJ，吸热 33.736kJ，求 c_V 和 c_p。

4 热力学第二定律

热力学第一定律确定了热力过程中各种能量的转换和转移不会引起总能量的改变，其本质是能量守恒定律。既不可能创造能量（第一类永动机），也不可能消灭能量。总之，自然界中一切过程都必须遵守热力学第一定律。然而，是否所有不违反热力学第一定律的过程都是可以实现的呢？经过大量现象的观察和长期的实践，得出的结论是否定的。

例如一个烧红了的铁块，放在空气中自然冷却，热能从铁块散发到周围空气中了，周围空气获得的热量等于铁块放出的热量，这完全遵守热力学第一定律。但如果设想这个已经冷却了的铁块从周围空气中收回那部分散失的热量，重新炽热起来，这样的过程也不违反热力学第一定律。然而，实际生活中这样的过程是不可能实现的。

又例如一个旋转着的陀螺，如果不继续用外力使它旋转，那么它的转速就会逐渐降低，最后停止转动。陀螺原先具有的动能由于与地面的摩擦及陀螺表面和空气的摩擦，变成了热能散发到周围空气中去了。陀螺失去的动能等于周围空气获得的热能，这完全符合热力学第一定律。但是反过来，周围的空气是否可以将原来获得的热能变成动能，还给陀螺，使陀螺重新转动起来呢？尽管这不违反热力学第一定律，但显然也是不可能的。

再例如，实验室的高压氩气瓶只会向压强较低的空气中漏气，而空气却不会自动向高压氩气瓶充气。

由此可见，热力学第一定律有两方面的问题未能涉及：其一，该定律不能判断热力过程的方向性，即任何热力过程都具有方向性——可以自发进行的热力过程，而其反向过程则不能自发进行。其二，该定律强调的是能量在数量上的守恒，没有考虑到不同类型能量在做功能力上的差别，例如，同样数量的机械能与热能其价值并不相等，机械能具有直接可用性，可以无条件地转换为热能，而热能必须在一定的补充条件下才可能部分地转换为机械能，将不同质的能量直接相加，严格地说并不合理。

因此，人们从无数实践中总结出了热力学第二定律，该定律揭示了能量在转换与传递过程中的方向性和能质不守恒的客观规律。所有热力过程只有同时遵守热力学第一定律和热力学第二定律才能得以实现。

4.1 热力学第二定律的本质和表述

4.1.1 自发过程的方向性与不可逆性

自然界中的热力过程归纳起来可分为两大类。一类是不需要任何附加条件就可以自动地进行的过程，称为自发过程，例如，热量总是自发地从温度较高的物体传向温度较低的物体；机械能总是自发地转变为热能；气体总是自发地膨胀等。这些自发过程的反向过程（称为非自发过程）是不会自发进行的：热量不会自发地从温度较低的物体传向温度较高的物体；热能不会自发地转变为机械能；气体不会自发地压缩等。

这里并不是说这些非自发过程根本无法实现，而只是说，如果没有外界的推动，它们是不会自发地进行的。事实上，在制冷机中可以使热量从温度较低的物体（冷库）转移到温度较高的物体（大气），从而保持冷库的一定低温，这是非自发过程。实施这样的过程，不仅必须消耗外界的能量，而且不可避免地伴随着功转变为热的自发过程，如图 4-1 所示。在热机中可以使一部分高温热能转变为机械能，但是这个非自发过程的实现是以另一部分高温热能转移到低温物体（大气）作为代价的，如图 4-2 所示。

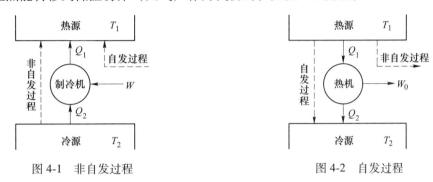

图 4-1　非自发过程　　　　　　　　　　图 4-2　自发过程

由此可见，非自发过程进行的同时一定伴随着相应的自发过程，没有这个补偿条件，非自发过程便不能进行。由于补偿条件的存在，必然产生过程进行的完善程度如何的问题。事实上，在一定条件下，能量的有效转换是有其最大限度的，而热机的效率在一定条件下也有其理论上的最大值。研究过程进行的方向、条件和限度正是热力学第二定律的任务。

4.1.2　热力学第二定律的本质

热力过程具有方向性这一客观规律，归根结底是由于不同类型或不同状态下的能量具有质的差别，而过程的方向性正缘于较高位能质向较低位能质的转化。例如，热量由高温传至低温，机械能转化为热能，按热力学第一定律能量的数量保持不变，但是，以做功能力为标志的能质却降低了，称为能质的退化或贬值。因此，热力学第二定律的实质便是论述热力过程的方向性及能质退化或贬值的客观规律。所谓过程的方向性，除指明自发过程进行的方向外，还包括对实现非自发过程所需要的条件，以及过程进行的最大限度等内容。

热力学第二定律告诉我们，自然界的物质和能量只能沿着一个方向转换，即从可利用到不可利用。从有效到无效，这说明了节能的必要性。只有热力学第二定律才能充分解释事物变化的性质和方向，以及变化过程中所有事物的相互关系。热力学第二定律除广泛应用于分析热力过程和能源工程外，还被应用于分析社会、经济发展及生物进化等许多领域，可以预料该定律今后还将得到更广泛的应用。

4.1.3　热力学第二定律的表述

热力学第二定律的本质就是指出一切自然过程的不可逆性。由于自然界中热过程的种类是无穷多的，人们可由任意一种热过程来揭示这一规律，因而在历史上，热力学第二定律有各种不同的表述。最经典的表述是 1850~1851 年间，从工程应用角度归纳总结出来的两种表述：

克劳修斯（Clausius, 1850）说法（从热量传递的角度）：热量不可能自动（自发）地从低温物体传到高温物体而不引起其他变化。

开尔文-普朗克（Kelvin-Planck, 1851）说法（从热功转换的角度）：不可能从单一热源取热，并使之完全转化为机械能而不引起其他变化。

在历史上，当第一类永动机宣告失败之后，又曾出现所谓第二类永动机的设想。只从单一热源取热而连续不断地做功的机器称为第二类永动机，例如，将海洋或大气当作单一热源，向发动机供给无穷无尽的热能而转变为功。这种设想虽然不违反热力学第一定律，但它违反了热力学第二定律，实践证明这种发动机是造不出来的。所以，热力学第二定律也可表述为第二类永动机是制造不出来的。

4.2   卡诺循环和卡诺定理

热功转换是热力学的主要研究内容，根据热力学第二定律的开尔文-普朗克说法，热不能连续地全部转换为功，即热机的效率一定小于 100%。那么，在一定温度范围内的高温热源和低温热源之间，热转换为功的最高效率是多少呢？1824 年法国工程师卡诺（Carnot）回答了这个问题。

4.2.1   卡诺循环及其热效率

循环是由一系列过程连接而成的。如各过程均为可逆过程，则由它们组成的循环也必为可逆循环；如部分或全部过程为不可逆过程，则由它们组成的循环为不可逆循环。而进行循环的热机相应地为可逆热机和不可逆热机。热机循环的经济性常用热效率来表示，它等于循环中完成的净功量 W_0 与向工质输入热量 Q_1 的比值，即

$$\eta_1 = \frac{W_0}{Q_1} = \frac{Q_1 - Q_2}{Q_1} = 1 - \frac{Q_2}{Q_1} = 1 - \frac{q_2}{q_1} \tag{4-1}$$

式中，Q_2 为质量 m 的工质向冷源排出的热量；q_2 为 1kg 工质向冷源排出的热量。

提高热效率一直是科学技术发展中不懈探索研究的课题，也是工程热力学研究的主要内容。从前面的分析可知，任何热力循环的热效率永远小于 1。那么，在一定的条件下，热机的循环热效率最高可以达到多少？这个热效率的最大值取决于什么因素？也就是说，提高循环中热变功的效率的基本途径是什么？卡诺循环和卡诺定理回答了这些问题。

卡诺对蒸汽机进行了长期的观察和实践之后，提出了热机的工作过程必须要在两个温度不同的热源之间才能实现。并且他在理论上提出了最理想的循环方案——卡诺循环。

卡诺循环是两热源间的可逆循环，它由两个可逆的等温过程和两个可逆的绝热过程所组成，如图 4-3 所示。工质在热机中先在热源温度 T_1 下进行 AB 等温吸热过程，然后进行 BC 绝热膨胀过程，温度下降至冷源温度 T_2，工质在 T_2 温度下进行 CD 等温放热过程，最后进行 DA 绝热压缩过程而完成一个循环。

设工质在等温膨胀过程 AB 中吸取的热量为 q_1，从图 4-3（b）可知：

$$q_1 = T_1(s_2 - s_1)$$

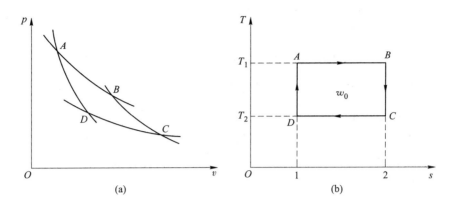

图 4-3　卡诺循环

（a）可逆等温过程；（b）可逆绝热过程

q_1 相当于图中面积 $AB21A$。设工质在等温压缩过程 CD 中放出的热量为 q_2，则

$$q_2 = T_2(s_2 - s_1)$$

q_2 相当于图中面积 $CD12C$。完成一个循环后，工质对外所作的净功为 w_0，则

$$w_0 = q_1 - q_2$$

因此，卡诺循环的热效率为：

$$\eta_{tk} = \frac{w_0}{q_1} = 1 - \frac{q_2}{q_1} = 1 - \frac{T_2(s_2 - s_1)}{T_1(s_2 - s_1)} = 1 - \frac{T_2}{T_1} \tag{4-2}$$

由上述卡诺循环热效率公式可得出如下重要的结论：

（1）卡诺循环的热效率只决定于高温热源和低温热源的温度 T_1 及 T_2，也就是工质吸热和放热时的温度。

（2）提高 T_1，降低 T_2，可提高卡诺循环的热效率。

（3）卡诺循环的热效率只能小于 1，决不能等于 1。因 $T_1 = \infty$，或 $T_2 = \infty$ 都是不可能的。这就是说，在热机循环中，向高温热源所吸取的热能不可能全部转变为机械能。

（4）当 $T_1 = T_2$ 时，卡诺循环的热效率等于零。这就是说，没有温差存在的体系中，热能不可能转变为机械能。或者说，单热源的热机，即第二类永动机是不可能造成的。

卡诺循环是一种理想循环，由于实际上不可能在等温下进行热量交换，另外还有摩擦等不可逆损失，故实际热机不可能完全按卡诺循环工作。虽然卡诺循环不可能付诸实现，但它从理论上确定了循环中实现热转变功的条件和在一定的温差范围内热转变功的最大限度，从而指出了提高实际热机热效率的方向。即尽可能提高循环中工质吸热时的温度，尽可能降低工质放热时的温度。循环的最低温度受环境的限制，所以提高热效率主要靠提高吸热温度。实际上各种热机正是向提高循环最高温度和最高压力的方向发展的。

4.2.2　卡诺定理

卡诺循环是一个理想化的循环，在两个恒温热源间工作的其他热机循环（可逆的或不可逆的），其热效率又如何呢？与采用的工质有无关系呢？这些问题可由热力学第二定律推导出来的卡诺定理给以回答。

以下将卡诺定理论述成两个分定理，但也可以作为一个定理，一个推论。

定理一：在相同温度的高温热源和相同温度的低温热源之间工作的一切可逆循环，其热效率都相等，与采用哪一种工质无关。

设有两台可逆机 A 和 B，A 是应用理想气体作工质的卡诺循环，其热效率已知为 $\eta_{tA}=1-\dfrac{T_2}{T_1}$。B 则是应用任何其他工质的其他可逆循环，也包括应用其他工质（例如蒸汽）的卡诺循环。它们都在相同的高温热源 T_1 和相同的低温热源 T_2 之间工作。

假定适当地进行调节，使从高温热源吸入的热量都相等，同为 Q_1，如图 4-4（a）所示。卡诺机 A 在完成一个循环后从 T_1 吸取热量 Q_1，向 T_2 放出热量 Q_{2A}，其差值就是循环功 W_A，则 $W_A=Q_1-Q_{2A}$。可逆机 B 完成一个循环后自 T_1 吸热 Q_1，向 T_2 放热 Q_{2B}，差值就是循环功 $W_B=Q_1-Q_{2B}$。

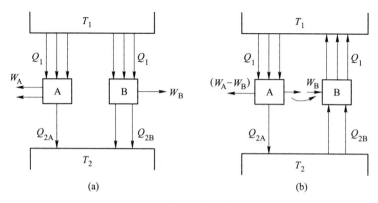

图 4-4　在相同温度的高温热源（a）和低温热源（b）之间工作的两种可逆循环

这时，这两台可逆机的热效率分别为

$$\eta_{tA}=\frac{W_A}{Q_1}　\text{和}　\eta_{tB}=\frac{W_B}{Q_1}$$

比较其热效率的大小，只有三种可能性：（1）$\eta_{tA}>\eta_{tB}$；（2）$\eta_{tB}>\eta_{tA}$；（3）$\eta_{tA}=\eta_{tB}$。如果能否定其中两种，余下的一种就是成立的。

先假定 $\eta_{tA}>\eta_{tB}$。因吸热量相同，故可得 $W_A>W_B$ 及 $Q_{2A}<Q_{2B}$。既然都是可逆机，我们使热机 A 按正向循环运行，B 按逆向循环运行，如图 4-4（b）所示。可逆机 B 将自 T_2 吸热 Q_{2B}，向 T_1 排热 Q_1，而消耗的功则等于 W_B。由于数值上 $W_A>W_B$，可以利用 W_A 中的一部分功来带动可逆机 B 作逆向运行。A 和 B 联合运行一个循环之后总的结果为：A 和 B 中工质经一循环都恢复原状；高温热源失去热量 Q_1 又收回热量 Q_1，无所得失，高温热源不留下任何变化；低温热源得到的热量 Q_{2A} 少于失去的热量 Q_{2B}，净失去热量（$Q_{2B}-Q_{2A}$）；卡诺机 A 所做的功 W_A 中，除去利用 W_B 带动可逆机 B 外，尚有净功（W_A-W_B）可对外输出。根据热力学第一定律能量守恒，可以肯定这时（$W_A-W_B=Q_{2B}-Q_{2A}$），整个系统不再有其他变化了。经过一个循环后，总效果为低温热源的热量（$Q_{2B}-Q_{2A}$）转化成了功。这是违反热力学第二定律的开尔文说法，所以原先的假定 $\eta_{tA}>\eta_{tB}$，是不能成立的。

再假定 $\eta_{tB}>\eta_{tA}$。按相同的方法和步骤，以可逆机 B 按正向循环来带动卡诺机 A 按逆向循环，也可以得出总效果是低温热源失去热量（$Q_{2A}-Q_{2B}$）转化成了功的结论，这同样违背了热力学第二定律，这一假定也不能成立。

既已证明 $\eta_{tA}>\eta_{tB}$ 和 $\eta_{tB}>\eta_{tA}$ 都不可能成立，那么唯一的可能是 $\eta_{tB}=\eta_{tA}$。

定理二：在相同温度的高温热源和相同温度的低温热源之间工作的一切不可逆循环，其热效率必小于可逆循环。

仍借用图4-4，以同样的方法很容易证明。设 A 是不可逆机（所有参数的右上角加 "′" 以表示不可逆），B 是可逆机。先假定存在 $\eta'_{tA}>\eta_{tB}$，用不可逆机按正向循环带动可逆机 B 进行逆向循环，会得出冷源中的热量转化成了功而不留下其他变化的结论，这违反了热力学第二定律，所以不可逆循环热效率较大这一假定不能成立。

再假定 $\eta'_{tA}=\eta_{tB}$，仍用不可逆机 A 进行正向循环来带动可逆机 B 进行逆向循环。循环结果 A 和 B 中工质及热源、冷源都恢复原状，而不留下任何变化，这一结果与 A 是不可逆机的假定相矛盾，因为系统中出现过不可逆过程，则整个系统不可能全部复原而不留下任何变化。因而 $\eta'_{tA}=\eta_{tB}$ 这一假定也不能成立。

因此，唯一可能的只有：$\eta'_{tA}<\eta_{tB}$。无数的实践也证明了两个热源之间工作的不可逆循环热效率必小于可逆循环的热效率。

卡诺定理有着极为重要的意义，它阐明了任何一种将热能转化成机械能或电能的转化装置，包括热力循环发动机、温差电偶热电转化装置（即温差电池）等，都受热力学第二定律和卡诺循环热效率公式的制约，都必须有热源及冷源，其热效率最高也不能超出相应的卡诺循环热效率。

4.2.3　逆向卡诺循环

按与卡诺循环相同的路线而循反方向进行的循环就是逆向卡诺循环。如图4-5中 $DCBAD$，它按逆时针方向进行。各过程中功和热量的计算式完全与正向卡诺循环相同，只是传递方向相反。可见，在进行一个正向卡诺循环以后再进行一个逆向卡诺循环，整个系统全部恢复原状，不留下任何后果，这也是所有可逆循环的特性。

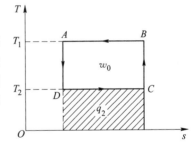

图4-5　逆向卡诺循环

采用与分析正向卡诺循环类似的方法，可以求得逆向卡诺循环的经济指标。例如，当逆向卡诺循环用作制冷循环时，其制冷系数为：

$$\varepsilon=\frac{q_2}{w_0}=\frac{q_2}{q_1-q_2}=\frac{T_2}{T_1-T_2} \tag{4-3}$$

当逆向卡诺循环用作热泵循环供热时，供热系数为：

$$\varepsilon'=\frac{q_1}{w_0}=\frac{q_1}{q_1-q_2}=\frac{T_1}{T_1-T_2} \tag{4-4}$$

制冷循环和热泵循环没有本质上的差别，循环特性是一样的，只是制冷循环以环境大气作为高温热源向它放热，而热泵循环则以环境大气作为低温热源从中吸热，如图4-6所示，两者在温度范围上有差别。此外，制冷多用于夏季，供热多用于冬季，夏季和冬季环境大气温度 T_0 的数值不同。

逆向卡诺循环是最理想的制冷循环和热泵循环，但实际的制冷机和热泵也难以按逆向卡诺循环工作。实际所采用的制冷循环主要取决于工质（制冷剂）的性质。但逆向卡诺循环也有极为重要的理论价值，它为一切制冷机和热泵的改进和经济性的提高指出了方向。

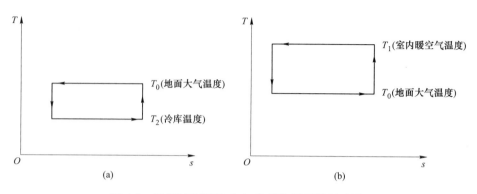

图 4-6   用作制冷循环（a）和用作供暖循环（b）

例题 4-1   1kg 某种工质在 2000K 的高温热源与 300K 的低温热源间进行热力循环。循环中工质从高温热源吸取热量 100kJ，求：

（1）此热量最多可转变成多少功？热效率为多少？

（2）若该工质虽在 T_1、T_2 下可逆吸热、放热，但在膨胀过程中内部存在摩擦，使循环功减少 2kJ，此时的热效率又为多少？

（3）若工质在高温热源吸热过程中存在 125K 的温差，循环中其他过程与（1）相同，则此循环中 100kJ 的热量可转变为多少功？热效率又为多少？

解：（1）由卡诺定理可知，在温度不同的两热源间工作的热机以卡诺循环的热效率为最高，故

$$\eta_{tk} = 1 - \frac{T_2}{T_1} = 1 - \frac{300}{2000} = 0.85$$

根据 $\eta_t = \dfrac{w_0}{q_1}$，可得 100kJ 热量最多能转变的功量为

$$w_0 = q_1 \eta_{tk} = 100 \times 0.85 = 85 \text{kJ/kg}$$

（2）因为 $w = w_0 - 2 = 85 - 2 = 83 \text{kJ/kg}$，

故

$$\eta_t = \frac{w}{q_1} = \frac{83}{100} = 0.8$$

（3）由题意，工质在温度 $T_1' = T_1 - 125\text{K} = 1875\text{K}$ 下吸热，在温度 T_2 下放热，无其他内部不可逆性。则可用一个在 T_1' 和 T_2 间工作的卡诺循环代替原来的不可逆循环，其效率为

$$\eta_{tk}' = 1 - \frac{T_2}{T_1'} = 1 - \frac{300}{1875} = 0.84$$

循环功

$$w' = q_1 \eta_{tk}' = 100 \times 0.84 = 84 \text{kJ/kg}$$

4.3   熵 的 导 出

卡诺循环和卡诺定理的一些结论，实质上反映了热力学第二定律的基本内容。为了将这些结论性的结果概括为更普遍的表达形式，克劳修斯对卡诺定理作了数学形式的表述，

得出了克劳修斯积分式，导出了状态参数熵。通过状态参数熵的变化来深刻地反映热转变为功的规律，从而使热力学第二定律关于能量转换的方向、条件和限度的论述更加明确。

熵是系统的状态参数，这里将根据卡诺循环和卡诺定理导出状态参数熵。

对于两个热源间的卡诺循环，根据卡诺循环的热效率公式：

$$\eta_{tk} = \frac{q_1 - q_2}{q_1} = \frac{T_1 - T_2}{T_1}$$

可得：

$$\frac{q_1}{T_1} = \frac{q_2}{T_2}$$

式中，q_1、q_2 为绝对值。

如果考虑到工质向外传走的热量 q_2 为负值，则上式变为

$$\frac{q_1}{T_1} + \frac{q_2}{T_2} = 0 \quad \text{或} \quad \sum \frac{q}{T} = 0$$

这个结果就是两个热源间卡诺循环的数学表达式，即在卡诺循环中 q/T 的代数和等于零。

对于一个无穷多热源间的任意可逆循环，如图 4-7 中1-A-2-B-1。假如用一组绝热线把它分割成无穷多个微元循环，这些绝热线 a-g、b-f、c-e、…假定无限接近，可以认为 a-b、b-c、…、e-f、f-g 等这些微元段过程中工质的温度几乎不变，它们都是定温过程。故微元循环 a-b-f-g-a、b-c-e-f-b、…每一个都是微元卡诺循环，这些微元卡诺循环的综合就构成了循环 1-A-2-B-1。于是可得到

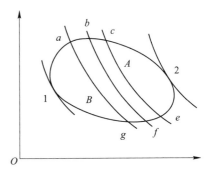

图 4-7 可逆循环

$$\sum_{i=1}^{\infty} \left(\frac{\delta q_{1i}}{T_{1i}} + \frac{\delta q_{2i}}{T_{2i}} \right) = 0$$

亦即

$$\oint \frac{\delta q}{T} = 0 \qquad\qquad (4-5)$$

用文字表达即：任意工质经任意一个可逆循环后，微量 $\delta q/T$ 沿整个循环的积分为零。这一积分由克劳修斯于 1854 年首先提出，故称作克劳修斯积分。式（4-5）称作克劳修斯积分式。

对于循环 1-A-2-B-1，可根据克劳修斯积分式有

$$\oint_{1A2B1} \frac{\delta q}{T} = \int_{1A2} \frac{\delta q}{T} = \int_{2B1} \frac{\delta q}{T} = 0$$

或

$$\int_{1A2} \frac{\delta q}{T} = - \int_{2B1} \frac{\delta q}{T} = \int_{1B2} \frac{\delta q}{T}$$

由此可见，从状态 1 到状态 2，$\dfrac{\delta q}{T}$ 的积分与途径无关，无论沿哪一条可逆过程，是

1-*A*-2，还是 1-*B*-2，其积分值都相等。由于循环是任意的可逆循环，由 1 到 2 的途径可以有无数多条，对于 1-2 间任意一可逆过程都适用，所以可写作 $\int_1^2 \frac{\delta q}{T}$。这正是状态参数的特征。可以断定 $\frac{\delta q}{T}$ 一定是某一状态参数的全微分，如果该状态参数取名"熵"，以符号 S 表示，那么对单位质量工质而言，称为比熵，以符号 s 表示，则

$$ds = \frac{\delta q}{T} \tag{4-6}$$

克劳修斯就是对卡诺定理进行数学表述之后而导出状态参数熵的。因为 $\oint \frac{\delta q}{T}$ 与工质性质无关，所以任何工质都有状态参数熵。

既然熵是状态参数，无疑可将它写成任意两个独立参数的函数，如

$$S = f(p, v); \quad S = f(p, T); \quad S = f(T, v)$$

熵对于热量而言，具有广义位移的特征，即在可逆过程的条件下，只有在工质的熵发生变化时，才有可能吸热和放热。然而熵究竟说明工质热力学状态的什么特征呢？应该指出，熵的物理意义不像压力、比容和温度那样直观和可测，但从分子运动论的角度来考察，我们也可以这样来理解：热是无序运动的表现，熵是分子热运动混乱度的量度，它表示工质热状态的无序性。如将一块冰当作系统，冰的各个分子占有各自一定的相对位置，秩序井然不乱，当外界向系统传热，系统熵增加，冰的分子获得能量而使热运动加剧，引起分子的骚动，如一直加热使冰溶化为液体以致蒸发为蒸汽，则分子的无序运动更加剧烈，系统的熵增大；反过来也如此。所以熵就是描述工质分子热运动混乱度的量度，当工质处在绝对零度时，系统的无序运动等于零，即认为在绝对零度时，系统的熵值为零。

4.4 孤立系统熵增原理

热力学第二定律是阐明热力过程进行的方向、条件和限度的规律，下面分析不可逆过程和孤立系统中熵的变化，从而建立热力学第二定律的数学表达式。从孤立系统中熵的变化可以判断实际过程由于存在各种不可逆因素所引起的损失，在这一点上更显示熵在工程中的重要意义。

4.4.1 克劳修斯不等式

实际的热力过程都是不可逆过程，由于不可逆过程（哪怕只是部分不可逆过程）组成的循环叫不可逆循环。对可逆循环已导出 $\oint \frac{\delta q}{T} = 0$，那么对于不可逆循环又怎样呢？

由卡诺定理知道，不可逆循环的热效率必定小于相应的可逆循环的热效率，即

$$\eta_{t(不可逆)} < \eta_t$$

$$1 - \frac{q_2}{q_1} < 1 - \frac{T_2}{T_1}$$

式中，T_1，T_2 分别为热源和冷源的温度。

因为在不可逆循环中，工质和热源的温度可能不相同，而且如果是非准静态过程的

话，过程的中间状态是非平衡态，工质内部温度可能并不一致。因此，这时 T_1、T_2 不等于工质的温度。由上式得出 $\dfrac{q_1}{T_1} < \dfrac{q_2}{T_2}$。

式中，q_2 若改用代数值，考虑到放热量 q_2 为负值，则上式也可写成

$$\frac{q_1}{T_1} + \frac{q_2}{T_2} = 0 \quad \text{或} \quad \sum \frac{q}{T} < 0$$

这个结果就是对两个热源间不可逆循环的数学表达式，即在不可逆循环中 q/T 的代数和小于零，它表明一切不可逆循环中由于不可逆因素所引起能量转换损失的共同属性，此结论具有原则的意义。

对于任何不可逆循环，其数学表达式可以这样来导出，任取一个不可逆循环 1-A-2-B-1，如图 4-8 所示，图中虚线表示不可逆过程。用一组可逆的绝热线将循环分割成无穷多个微小的不可逆循环，综合全部微元循环，可得：

$$\sum_{i=1}^{\infty} \left(\frac{\delta q_{1i}}{T_{1i}} + \frac{\delta q_{2i}}{T_{2i}} \right) = \oint \left(\frac{\delta q}{T} \right)_{\text{不可逆}} < 0 \tag{4-7}$$

该式称作克劳修斯不等式。它反映了卡诺定理的直接结果，即在两个以上的热源间进行的循环以可逆循环的热效率最高，一切不可逆循环的热效率均小于可逆循环的热效率。将式（4-5）与式（4-7）联合写成：

$$\oint \frac{\delta q}{T} \leqslant 0 \tag{4-8}$$

该式可以作为判断循环是否可逆的判别式。克劳修斯积分 $\oint \dfrac{\delta q}{T}$ 等于零为可逆循环，小于零为不可逆循环，这也是将卡诺定理应用于分析热力循环所得到的结果，揭示了循环的共同属性。

4.4.2 热力学第二定律的数学表达式

由式（4-7）可以推得不可逆过程中比熵的变化 Δs 与 $\int \dfrac{\delta q}{T}$ 的关系。如图 4-9 所示，设工质由平衡的初态 1 经历一个不可逆过程 1-A-2 到达平衡状态 2，又从 2 经历可逆过程 2-B-1 回到状态 1，如此构成了一个不可逆循环 1-A-2-B-1，应用克劳修斯不等式 $\oint \dfrac{\delta q}{T} \leqslant 0$ 即

$$\int_{1A2B1} \left(\frac{\delta q}{T} \right)_{\text{不可逆}} = \int_{1A2} \left(\frac{\delta q}{T} \right)_{\text{不可逆}} + \int_{2B1} \left(\frac{\delta q}{T} \right)_{\text{可逆}} < 0$$

由比熵的定义式，得到

$$\int_{2B1} \left(\frac{\delta q}{T} \right)_{\text{可逆}} = s_1 - s_2$$

代入上式，得到

$$\int_{1A2} \left(\frac{\delta q}{T} \right)_{\text{不可逆}} + s_1 - s_2 < 0$$

即

$$s_2 - s_1 > \int_{1A2} \left(\frac{\delta q}{T} \right)_{\text{不可逆}}$$

或

$$\mathrm{d}s > \left(\frac{\delta q}{T}\right)_{\text{不可逆}} \tag{4-9}$$

式（4-9）表明，不可逆过程的 $\int_{1A2}\left(\dfrac{\delta q}{T}\right)_{\text{不可逆}}$ 永远小于 Δs_{12}，这个结果提供了定量地判断过程不可逆性程度的依据。

将式（4-6）和式（4-9）合并得

$$\mathrm{d}s > \frac{\delta q}{T} \tag{4-10}$$

此即是热力学第二定律的数学表达式，也叫熵方程（单位质量工质）。它表明：当过程为可逆过程，熵的微小变化 $\mathrm{d}s = \dfrac{\delta q}{T}$（即单位质量工质从热源吸入的热量 δq 除以热源温度 T）；如为不可逆过程，$\mathrm{d}s$ 大于两者之差越大，说明过程的不可逆性程度越大，这就是用熵的变化量来衡量过程的不可逆性的一个客观准则，也是熵在工程上的重要应用之一。

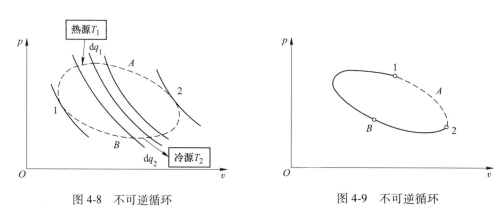

图 4-8　不可逆循环　　　　　　　　　　　图 4-9　不可逆循环

4.4.3　熵流与熵产

为了进一步加深对热力学第二定律的数学表达式 $\mathrm{d}s \geqslant \delta q/T$ 的理解，下面举例分析不可逆过程中促使系统熵发生变化的物理原因。

图 4-10 所示为热功转换装置。单位质量工质以环境（热源）吸热 δq 后，一方面自身的内能改变为 $\mathrm{d}u$，另一方面做机械功 δw。为了区别和比较，设想在此气缸内进行了两个过程，一个为可逆过程，另一个为不可逆过程，但两过程进行前后的初终状态都相同。根据热力学第一定律：

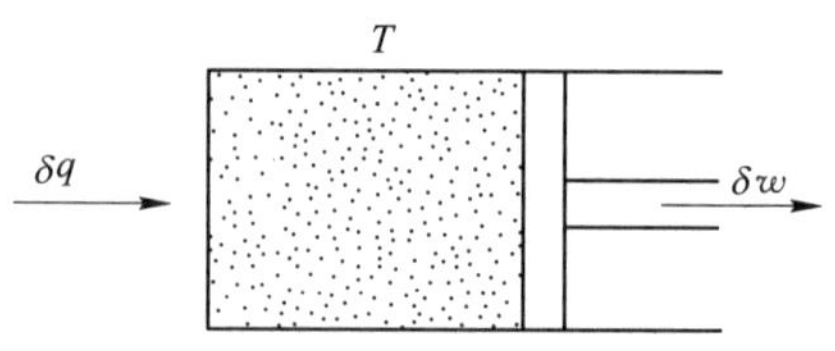

图 4-10　热功转换装置

对于可逆过程有 　　　　　　$\delta q = \mathrm{d}u + \delta w$ 　　　　　　　　(4-11)

对于不可逆过程，则有

$$\delta q' = \mathrm{d}u + \delta w' \tag{4-12}$$

因为可逆过程 $\delta q = T\mathrm{d}s$，所以式（4-11）可写为

$$T\mathrm{d}s = \mathrm{d}u + \delta w$$

移项得

$$\mathrm{d}u = T\mathrm{d}s - \delta w \tag{4-13}$$

将式（4-13）代入式（4-12）得

$$\delta q' = T\mathrm{d}s - \delta w + \delta w'$$

即

$$T\mathrm{d}s = \delta q' + \delta w - \delta w'$$

$$\mathrm{d}s = \frac{\delta q'}{T} + \frac{\delta w - \delta w'}{T} \tag{4-14}$$

式中，$\delta w - \delta w'$ 为相同的初态与终态间进行可逆过程和不可逆过程时产生的功量之差。也就是不可逆过程中由于不可逆因素引起的功的损失。若用 δw_{t} 表示，则式（4-14）可写为

$$\mathrm{d}s = \frac{\delta q'}{T} + \frac{\delta w_{\mathrm{t}}}{T} \tag{4-15}$$

在此，对式（4-15）作如下说明：当系统与外界有能量交换时，系统的熵要发生变化，如果热力过程为不可逆，熵的变量 $\mathrm{d}s$ 将由两部分组成，其一是由于系统与外界发生热量交换而引起的熵的变化，称为由热流引起的熵流，用 $\mathrm{d}s_{\mathrm{t}}$ 表示；其二是由于系统内的不可逆因素导致功的损失所引起的熵的变化，称为不可逆因素引起的熵产，用 $\mathrm{d}s_{\mathrm{g}}$ 表示。即

$$\mathrm{d}s_{\mathrm{t}} = \frac{\delta q}{T} \tag{4-16}$$

$$\mathrm{d}s_{\mathrm{g}} = \frac{\delta w_{\mathrm{t}}}{T} \tag{4-17}$$

因此，不可逆过程中，系统内熵的总变化为熵流和熵产之和。即

$$\mathrm{d}s = \mathrm{d}s_{\mathrm{t}} + \mathrm{d}s_{\mathrm{g}} \tag{4-18}$$

应当指出，这里所说的"流"和"产"都不意味着熵是什么物质。本书从第 1 章提出熵的概念时就明确指出熵的变化是与热量的传输相联系的。所以熵流是指系统与外界发生热交换时引起的熵的变化量，系统与外界的热量可正、可负，亦可为零，故熵流值随之为正、为负或为零。但熵产则不然，由于不可逆因素总是导致功的损失，从而引起系统熵的增加，故熵产永远为正，只在可逆过程时为零。所以，熵产只能是有或无，绝不可能为负值。

4.4.4 孤立系统熵增原理

为了方便研究问题，有时候忽略了周围环境对系统的相互作用，即系统和外界之间没有任何形式的能量交换和物质质量交换，该系统就称为孤立系统。这时，整个系统一定是绝热的。但系统内部各物体之间则可能相互传热或交换其他形式的能量。例如，我们可以将一个包括热源、冷源和工质在内的动力系统看作孤立系统。对孤立系统，$\delta Q = 0$，$\delta W = 0$，$\mathrm{d}m = 0$，将式（4-10）应用于孤立系统，则有

$$\mathrm{d}S \geqslant 0 \tag{4-19}$$

式中，等号适用于可逆过程，不等号适用于不可逆过程。式（4-19）说明，当孤立系统内进行的是可逆过程，系统内的熵保持不变；当孤立系统内进行的是不可逆过程，系统内的

熵会增加；不论什么过程，系统的熵不会减小。实际的过程都是不可逆过程，因此，"孤立系统的熵可以增大，或保持不变，但不可能减小"。这就是孤立系统的熵增原理。

从熵增原理可进一步导出不可逆过程与孤立系统做功能力损失之间的关系。当工质在给定的高温热源与低温热源（环境）之间进行可逆循环时，工质从高温热源所吸收的热量 Q_1 中，最大限度地转换为可用功的那一部分热能，称为在给定热源条件下的做功能力，或称为热量 Q_1 的可用能。

设高温热源温度为 T_1，环境温度为 T_0，根据卡诺循环热效率关系式

$$\eta_{tk} = \frac{Q_1 - Q_2}{Q_1} = 1 - \frac{T_0}{T_1}$$

则工质从高温热源获得热量 Q_1 时的做功能力为

$$W = Q_1 \left(1 - \frac{T_0}{T_1} \right) \tag{4-20}$$

显然，在环境温度 T_0 不变的场合下，热源的温度越高，即 T_1 越大，则热量的做功能力越大。热量的做功能力等于利用这热量进行可逆循环时的循环功。

下面举例说明由于不可逆过程所引起的孤立系统做功能力的损失。

（1）有温差传热的不可逆过程：对于可逆的卡诺循环，设想为无温差的吸热和放热，如图 4-11 中 $ABCDA$ 所示，每一循环所排走不能利用的废热用面积 DCS_BS_AD 表示，若高温热源向工质进行了有温差的传热，工质温度 T_1' 低于高温热源温度 T_1，则此循环为不可逆循环，设所吸入的热量 Q_1 相同，其他过程与可逆的卡诺循环一样，如图 4-11 中的 $A'B'C'DA'$ 所示。现在只分析在高温热源的放热过程和工质的吸热过程中，由于存在温差传热而引起做功能力的损失。高温热源传走热量 Q_1 时，其熵的变化为

$$\Delta S_热 = -\frac{Q_1}{T_1}$$

做功能力为

$$W_热 = Q_1 \left(1 - \frac{T_0}{T_1} \right)$$

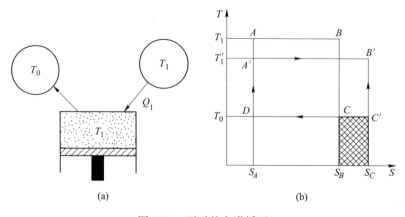

(a)   (b)

图 4-11　可逆的卡诺循环

工质吸收热量 Q_1 时，其熵的变化为

$$\Delta S_{\text{工}} = \frac{Q_1}{T_1'}$$

故做功能力为

$$W_{\text{工}} = Q_1\left(1 - \frac{T_0}{T_1'}\right)$$

故做功能力的损失为

$$\Delta W = W_{\text{热}} - W_{\text{工}} = T_0\left(\frac{Q_1}{T_1'} - \frac{Q_1}{T_1}\right)$$

将高温热源和工质组成一孤立系统，则系统熵的变化为

$$\Delta S_{\text{系}} = \Delta S_{\text{热}} + \Delta S_{\text{工}} = \frac{Q_1}{T_1'} - \frac{Q_1}{T_1} > 0$$

将此关系代入 $\Delta W = T_0\left(\dfrac{Q_1}{T_1'} - \dfrac{Q_1}{T_1}\right)$，得

$$\Delta W = T_0\Delta S_{\text{系}} = CC'S_C S_B C \text{ 面积}$$

即由于不可逆传热，造成孤立系统做功能力的下降和系统总熵的增加。孤立系统做功能力的损失可用环境温度与系统熵增的乘积来计算。

（2）由摩擦、涡流引起的不可逆过程：在两个恒温热源之间工作的卡诺循环中，为分析方便起见，只认为工质在膨胀过程中有摩擦和涡流现象发生，其他过程都是可逆的，如图 4-12 所示。由于在绝热膨胀过程中产生摩擦和涡流而使部分功转换为热又被工质吸收，则工质的熵增加，不可逆绝热膨胀过程线以虚线 CD' 表示。这一不可逆过程造成系统做功能力的损失为

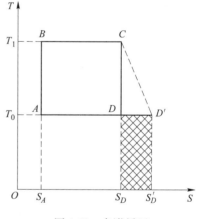

$$\Delta W = W_0 - W_0' = (Q_1 - Q_2) - (Q_1 - Q_2')$$
$$= DD'S_{D'}S_D D \text{ 面积} = T_0\Delta S_{\text{系}}$$

式中，Q_2 为 DA 放热过程向冷源 T_0 排走的热量；Q_2' 为 $D'A$ 放热过程向冷源 T_0 排走的热量；$\Delta S_{\text{系}}$ 为 $S_{D'}$ 与 S_D 之差。

图 4-12　卡诺循环

显然，在有摩擦、涡流引起的不可逆过程存在时，循环的净功不再是 $ABCDA$ 面积，而是 $ABCDA$ 面积减去 $DD'S_{D'}S_D D$ 面积。此时，做功能力损失为 $DD'S_{D'}S_D D$ 面积。

还可以举出许多实例来证实在孤立系统内进行不可逆过程后，会造成系统做功能力的损失和系统总熵的增加。若以 I 表示做功能力的损失，则两者间存在下列通用关系

$$I = T_0\Delta S_{\text{系}} \tag{4-21}$$

在热力工程中，常用 ΔS 系和 $T_0\Delta S_{\text{系}}$ 系来衡量孤立系统中减小的实际过程的不可逆程度和做功能力损失的程度。因此，为了减少不可逆程度，应当尽量减小传热温差，减小摩擦阻力、涡流和节流等现象，力求热力过程的完善性。

例题 4-2   绝热容器中盛有 0.8kg 空气，初始状态 1 的 $T_1 = 300$。现通过桨叶轮由外界输入功 30kJ（见图 4-13），过程终了时气体到达新的平衡态 2。试计算过程中空气熵的变化 ΔS、熵流变化 ΔS_f 及熵产变化 ΔS_g。

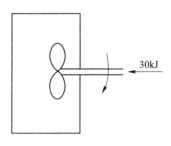

图 4-13   向绝热容器输入功

解： 容器内空气所经历的为一内部不可逆过程。

（1）计算 T_2。

因 $Q = 0$，故 $\Delta U = -W = 30$kJ

取比热容为定值，空气的 $\mu = 28.96$kg/kmol，则

$$c_V = \frac{\mu c_V}{\mu} = \frac{20.9}{28.96} = 0.723 \text{kJ}/(\text{kg} \cdot \text{K})$$

又
$$\Delta U = mc_V(T_2 - T_1)$$
$$= 0.8 \times 0.723(T_2 - 300)$$
$$= 30 \text{kJ}$$

所以
$$T_2 = 352\text{K}$$

（2）计算过程中 ΔS、ΔS_f、ΔS_g。

虽为不可逆过程，但过程中 ΔS 可按相同的始、终态间的可逆定容过程计算。即

$$\Delta S = mc_V \ln \frac{T_2}{T_1} = 0.8 \times 0.723 \times \ln \frac{352}{300} = 0.0925 \text{kJ/K}$$ 可逆绝热过程，$\delta Q = 0$，故

熵流变化
$$\Delta S_f = \int_1^2 \frac{\delta Q}{T} = 0$$

熵产变化
$$\Delta S_g = \Delta S - \Delta S_f = \Delta S = 0.0925 \text{kJ/K}$$

即过程中熵的增加完全来源于不可逆因素所引起的熵的产生。

复习思考与练习题

4-1 根据循环热效率的定义式 $\eta_t = \dfrac{w_0}{q_1}$，可否说"循环的单位质量净功 w_0 越大，则循环的热效率 η_t 越高"，为什么？

4-2 指出循环热效率公式 $\eta_t = 1 - \dfrac{Q_2}{Q_1}$ 和 $\eta_t = 1 - \dfrac{T_2}{T_1}$ 各自适用的范围（T_1 和 T_2 是指热源和冷源的温度）。

4-3 卡诺循环和卡诺定理对提高实际热机效率有何指导意义？试结合内燃机来阐述这方面的指导意义。

4-4 请指出以下说法有无错误或不完全的地方：

1. 工质经过一个不可逆循环后，$\Delta S_T > 0$。

2. 使系统熵增大的过程必为不可逆过程。

3. 热力学第二定律可表述为"功可全部变为热，但热不可能完全变为功"。

4. 因为熵只增不减，所以熵减少的过程是无法实现的。

4-5 一汽车发动机的热效率是 18%，燃气温度为 950℃，周围环境温度为 25℃，这个发动机的工作有没有违背热力学第二定律？

4-6 理想气体熵变化量的计算公式全是从可逆过程推出的，为什么它们也适用于相同初、终态的不可逆过程？

4-7 是非题（对的打"√"，错的打"×"）。

1. 在任何情况下，向气体加热，熵一定增加；气体放热，熵总是减少。　　　　　　（　　）

2. 熵增大的过程必为不可逆过程。　　　　　　（　　）

3. 熵减少的过程是不可实现的。　　　　　　（　　）

4. 卡诺循环是理想循环，一切循环的热效率都比卡诺循环的热效率低。　　　　　　（　　）

5. 把热量全部变为功是不可能的。　　　　　　（　　）

5 水蒸气与湿空气

工程上用的气态工质可分为两类——气体和蒸气，两者之间并无严格的界限。蒸气泛指刚刚脱离液态或比较接近液态的气态物质，在被冷却或被压缩时很容易变回液态。一般来说，蒸气分子间的距离较小，分子间的作用力及分子本身的体积不能忽略，因此，蒸气一般不能作为理想气体处理。工程上常用的蒸气有水蒸气、氨蒸气、氟利昂蒸气等。由于水蒸气来源丰富，耗资少，无毒无味，比热容大，传热好，有良好的膨胀和载热性能，是热工技术上应用最广泛的一种工质。水蒸气是人类在热力发动机中应用最早的实现热能向机械能转换的工质，至今仍是工业上广泛应用的主要工质。各种蒸气虽然各有特点，但其热力性质及物质变化规律都有许多相似之处。本章以水蒸气为例，研究其产生、状态的确定及其基本热力过程。

在自然界中，由于江河湖海里水的蒸发，使空气中总含有一些水蒸气。这种含有水蒸气的空气称为湿空气。完全不含水蒸气的空气称为干空气。一般认为湿空气是由水蒸气和干空气组成的混合物。由于湿空气中水蒸气的含量极少，在某些情况下往往可以忽略水蒸气的影响。但是，在干燥、空气调节及精密仪表和电绝缘的防潮等对空气中的水蒸气特殊敏感的领域，以及湿空气对干燥过程的速度、对人体舒适感产生影响时，就不能将湿空气视为干空气来进行分析和计算，必须考虑空气中水蒸气的影响。由于干空气状态远离临界点，可视为一种理想气体。湿空气中含有少量的水蒸气，水蒸气的分压力很低，因而湿空气中的水蒸气也可被认为是理想气体。这样，当水蒸气不发生相变时，湿空气就被认为是由干空气和水蒸气两种理想气体组成的二元混合物。但是，湿空气中的水蒸气常会发生聚集状态的变化，如结露、结霜、蒸发等，因此它又不完全等同于理想气体的混合物。为描述湿空气的特点，本章引入一些反映水蒸气含量和集态变化的专门的状态参数来研究湿空气的特性。

5.1 水蒸气的定压汽化过程

工程上应用的水蒸气，通常是在锅炉内对水定压加热产生的。图 5-1 说明水蒸气的产生过程：假设一带有活塞的气缸中盛有 1kg、0℃的水，对活塞施加一定的压强 p，在容器底部对水加热。水蒸气的产生过程一般可以分为以下三个阶段。

5.1.1 液态水定压预热阶段

假设容器中水的初始状态的压强为 p、温度为 0℃，如图 5-1（a）所示。这时水温低于压强 p 对应的饱和温度 t_s，所以称为未饱和水，或称过冷水。对未饱和水加热，水温升高，分子间距离增大，比容也略有增加。当温度升到某一值时，温度不再变化。从这一瞬间起，水开始沸腾，并开始变成蒸汽，这一温度称该压强（p）下的沸腾温度，即饱和温度，用 t_s 表示。此时的压强称为饱和压强，用 p_s 表示。此时水达到饱和状态，称为饱和水，如图 5-1（b）所示。

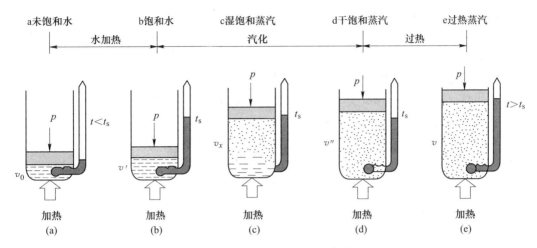

图 5-1 水蒸气产生过程示意图

水在定压下从未饱和水状态加热到饱和水状态的过程，称为定压预热阶段，即图 5-1 中 a→b。将 1kg 的未饱和液体从三相点（对于水即为冰、水和汽三相平衡共存）状态定压加热成为饱和液体过程中所吸收的热量称为液体热。

5.1.2 饱和水定压汽化阶段

如对饱和水继续加热，则饱和水开始沸腾，不断地变为蒸汽，水温保持饱和温度 t_s 不变。在定温 t_s 条件下水沸腾产生大量蒸汽，形成了饱和水和饱和水蒸气的混合物，这种混合物称为湿饱和蒸汽，简称为湿蒸汽，如图 5-1（c）所示。由于湿蒸汽的温度和压强是两个互相依赖的参数，因此给出湿蒸汽的温度和压力并不能确定湿蒸汽的状态。由于湿蒸汽是由压力、温度相同的干饱和蒸汽和饱和水按不同的质量比例所组成，因此要具体地确定湿蒸汽所处的状态，除了说明它的压强或温度外，还必须指出干饱和蒸汽和饱和水的质量比例。湿蒸汽中所含有的干饱和蒸汽的质量分数，称为湿蒸汽的干度，用 x 表示，即：

$$x = \frac{m_v}{m_w + m_v}$$

式中，m_v 和 m_w 分别表示湿蒸汽中所含饱和蒸汽和饱和水的质量。

当对湿蒸汽继续加热直到最后一滴水变为蒸汽时，容器中的蒸汽称为干饱和蒸汽，简称干蒸汽，如图 5-1（d）所示。

将饱和水定压加热为干饱和蒸汽的过程称为汽化阶段，即图 5-1 中 b→d。该阶段的特点是：温度、压强保持不变，所加入的热量用于使水汽化变为蒸汽及比容增大对外作膨胀功。将 1kg 饱和液体加热变为同温度的干饱和蒸汽所需的热量，称为汽化潜热，常用 r 表示，其值完全取决于压强或温度。

5.1.3 干饱和蒸汽定压过热阶段

对干饱和蒸汽继续加热，蒸汽的温度又开始上升，超过了该压力对应的饱和温度，其比容也继续增加，这时的蒸汽称为过热蒸汽，如图 5-1（e）所示。从图 5-1（d）和（e）为蒸汽的定压过热过程，这一过程吸收的热量称为过热热量。过热蒸汽的温度与同压强下饱和温度之差称为过热度，$\Delta t = t - t_s$。将干饱和蒸汽加热成为过热蒸汽的过程称为过热阶段，即图 5-1 中 d→e。

　　水蒸气的定压形成过程可以在 $p\text{-}v$ 图与 $T\text{-}s$ 图上表示，如图 5-2 所示。在 $p\text{-}v$ 图上，它是一条水平线，a-b、b-d、d-e 分别为定压预热、定压汽化、定压过热阶段。图 5-2 中 a、b、c、d、e 分别表示与图 5-1 对应的五种状态。在 $T\text{-}s$ 图上，水蒸气的定压形成过程线 abcde 分为三段：a-b 为定压预热过程，过程中温度升高，熵增大，过程线向右上方倾斜；b-d 为定压汽化过程，压力和温度保持不变，熵增大，在 $T\text{-}s$ 图上为一水平线；d-e 为定压过热过程，温度开始升高，熵继续增加，过程线向右上方倾斜。工质所吸收的总热量由 $T\text{-}s$ 图上 abcde 过程线下的面积表示。

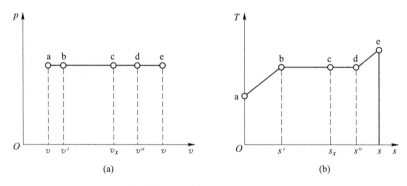

图 5-2　水蒸气定压产生过程的 $p\text{-}v$ 图与 $T\text{-}s$ 图

　　如果将不同压强下蒸汽的形成过程表示在 $p\text{-}v$ 图与 $T\text{-}s$ 图上，并将不同压强下对应的状态点连接起来，就得到了图 5-3 中的 $a_1a_2a_3\cdots$线、$b_1b_2b_3\cdots$线以及 $d_1d_2d_3\cdots$线，它们分别表示各种压强下的 0℃的水、饱和水以及干饱和蒸汽状态。$a_1a_2a_3\cdots$线近乎一条垂直线，这是因为低温时的水几乎不可压缩，压强升高，比容基本不变。$b_1b_2b_3\cdots$线称为饱和水线或下界线，它表示的是不同压强下饱和水的状态。$d_1d_2d_3\cdots$线称为干饱和蒸汽线或上界线，它表示的是不同压强下干饱和蒸汽的状态。

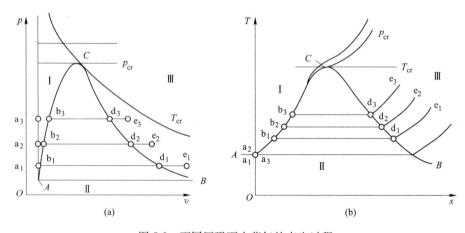

图 5-3　不同压强下水蒸气的产生过程

由图 5-3 可以清楚地看到，随着压强的增加，饱和水与干饱和蒸汽两点间的距离逐渐缩短。当压强增加到某一临界值时，饱和水与干饱和蒸汽不仅具有相同的压强和比容，而且还具有相同的温度和熵，这时的饱和水与干饱和蒸汽之间的差异已完全消失，在图中由同一点 C 表示。这个点称为临界点，此时饱和水与饱和蒸汽已不再有区别，这样一种特殊的状态称为临界状态。临界参数仅取决于物质种类，每种物质只有一组临界参数。对于水而言，其临界参数为：临界压强 p_{cr} = 22.064MPa，临界温度 t_{cr} = 373.99℃，临界比容 v_{cr} = 0.003106m³/kg，h_{cr} = 2085.9kJ/kg，s_{cr} = 4.40921kJ/(kg·K)。水在临界压强 p_{cr} 下定压加热到临界温度 t_{cr} 时，不存在汽液分界线和汽液共存的汽化过程，再加热就直接成为过热蒸汽，t_{cr} 是最高的饱和水温度。临界点的存在表明，在临界压强下，当温度达到临界温度 t_{cr} 时，液体的气化过程在瞬间完成。也就是说，压强大于或等于临界压强，就不再存在气液两相共存的湿蒸汽状态。如果工质的温度 t 高于临界温度 t_{cr}，不论压强多高，其状态均为气态；也就是说，当 $t>t_{cr}$ 时，保持温度不变，无论 p 多高也不能使气体液化，因此通常将 $t>t_{cr}$ 的气体称为永久性气体。

可见，临界点以下的未饱和水的定压加热汽化过程在 p-v 图和 T-s 图上的共同特点可以归纳为：

一点：临界点 C；

两线：饱和液体线（AC）和饱和蒸汽线（CB）；

三区：未饱和液体区（Ⅰ）湿蒸汽区（Ⅱ）和过热蒸汽区（Ⅲ）；

五态：未饱和水、饱和水、湿饱和蒸汽、干饱和蒸汽和过热蒸汽状态。

5.2 水蒸气的状态参数

理想气体的状态方程是 $pV=nRT$，但是水蒸气不同于理想气体，其状态方程相当复杂，不宜直接用于工程计算。因此，在工程中，常使用基于实验和理论数据绘制成的水蒸气表和图。

5.2.1 水蒸气性质表

对于水和水蒸气，根据 1963 年国际水蒸气会议的规定，以三相点（即固、液、汽三相共存状态）状态下的饱和水作为基准点，即 273.16K 的液相水，规定该状态下液相水的内能和熵为零，三相点液相水的状态参数分别为：

$$p = 0.0006117\text{MPa}; \quad t = 0.01℃; \quad v = 0.00100021\text{m}^3/\text{kg};$$

$$u = 0\text{kJ/kg}; \quad s = 0\text{kJ/(kg·K)}$$

根据比焓的定义，三相点液相水的比焓为：

$$h = u + pv = 0\text{kJ/kg} + 611.7\text{Pa} \times 0.00100021\text{m}^3/\text{kg} = 0.00061\text{kJ/kg} \approx 0\text{kJ/kg}$$

水蒸气的热力性质表按照工质不同相区的性质分为"饱和水和饱和蒸汽热力性质表"和"未饱和水和过热蒸汽热力性质表"2 大类。在这些表中，用符号"'"来标识饱和水的参数，而用符号"″"来标识饱和水蒸气的参数。

5.2.1.1 饱和水与饱和水蒸气的热力性质表

由于饱和状态的压强与温度是互相不独立的单值函数，因此，其热力性质表有按温度排列和按压强排列 2 种形式，详见附录 1 及附录 2。这两种表均给出了饱和水和饱和水蒸气的比体积、比焓、比熵及汽化潜热。附录 1 是以温度为自变量排列的，而附录 2 则以压强为自变量来排列。因此，如果给定温度，则使用附表 1 更方便，如果给定压强，则使用附表 2 更方便。

饱和水与饱和水蒸气的热力性质表具有以下两个作用：

（1）对于饱和水与干蒸汽，只要知道压强和温度中的任何一个参数，就可以从饱和水与饱和蒸汽表中直接查得其他参数，利用该表还可以判别工质的状态处于 5 种状态的哪一种。

（2）计算确定湿饱和蒸汽的参数。由于湿蒸汽是由压强、温度相同的饱和水与干蒸汽所组成的混合物，要确定其状态，除知道它的压强（或温度）外，还必须知道它的干度 x。因为 1kg 湿蒸汽是由 $x$kg 干蒸汽和 $(1-x)$kg 饱和水混合而成的，因此，1kg 湿蒸汽的各有关参数就等于 $x$kg 干蒸汽的相应参数与 $(1-x)$kg 饱和水的相应参数之和，即：

湿蒸汽的比体积：$\quad v_x = xv'' + (1-x)v' = v' + x(v''-v')$

湿蒸汽的比焓：$\quad h_x = xh'' + (1-x)h' = h' + x(h''-h')$

湿蒸汽的比熵：$\quad s_x = xs'' + (1-x)s' = s' + x(s''-s')$

5.2.1.2　未饱和水与过热水蒸气的热力性质表

未饱和水与过热水蒸气是单相物质，它们的各个状态参数均是彼此独立的，由任意两个参数就可以确定蒸汽状态，其表格数据参见相关资料。对于未饱和水和过热蒸汽，已知任何两个状态参数都可以由该表确定出其他状态参数。

5.2.2　水蒸气的比焓-比熵图

在 T-s 图和 p-v 图上虽可用过程曲线与坐标轴所包围的面积来表示过程中工质与外界交换的热量和功量，但是定量地进行能量分析计算却有其不便之处。若采用比焓-比熵图（h-s 图），则可以直接用线段的长度来表示热量和功量，非常直观，因而在工程计算中得到了广泛的应用。

水蒸气的 h-s 图如图 5-4 所示，h-s 图以比焓为纵坐标，比熵为横坐标。利用水蒸气表的数据，首先在图上绘制饱和水线 $x=0$、饱和蒸汽线 $x=1$ 及其交点，即临界点 C。饱和水线始于坐标原点。在湿蒸汽区，绘制了等干度线簇，即 $x=$ 常数，它们汇合于临界点 C。湿蒸汽区内等压线是倾斜的直线，且定压线与定温线一致。从干饱和蒸汽线开始，定压线簇与定温线簇分开。过热蒸汽区内，定压线和定温线的走向如图 5-4 所示，定压线较陡，而定温线较平坦。在低压下，定温线接近于水平线，随着压强的增加，定温线的斜率也增加。在 h-s 图上，还绘制了定容线簇，定容线的走向与定压线相近，但比定压线陡，如图中的虚线所示。

利用 h-s 图可确定水蒸气的状态参数，其优点是简便、直观，但其读数不够准确，而利用水蒸气表确定水蒸气状态参数，优点是读数较准确，但有时需要插值计算。因此，工程上常同时借助于水蒸气的 h-s 图和表来分析水蒸气的热力过程，可大大地简化计算。

因为 $x<0.5$ 区域内的图线过于密集，工程中又不经常使用这一区域的数据，所以，通常 h-s 图仅绘制出干度 $x>0.5$ 的湿蒸汽和过热蒸汽部分，工程中应用的水蒸气的 h-s 图可查阅相关资料。

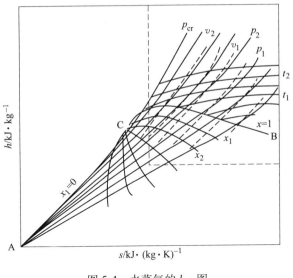

图 5-4 水蒸气的 $h\text{-}s$ 图

5.3 水蒸气的热力过程

与理想气体一样,分析水蒸气热力过程的目的,是为了解过程中工质状态的变化规律,确定过程中工质与外界的能量交换。水蒸气热力过程的分析计算不像理想气体一样利用简单的解析式,只能利用热力学第一定律及热力学第二定律的基本方程,借助于水蒸气热力性质图表进行计算。

在热工计算中,经常遇到蒸汽的定压过程和绝热过程。例如,采用水蒸气为工质的换热器均为定压加热或放热过程;水泵、喷管、汽轮机的工作均为绝热过程。蒸汽的形成与凝结过程都是在定压下进行的,这种情况下蒸汽与外界之间无功量交换,与外界交换的热量可以用焓差表示。蒸汽在蒸汽机或汽轮机中的膨胀做功过程,近似认为是绝热过程,如不考虑摩擦损失,则为可逆绝热过程,在 $h\text{-}s$ 图上为一垂直线,过程中与外界之间的功量交换也可用焓差表示。所以,$h\text{-}s$ 图用于水蒸气热力过程的定量计算极为方便。

具体分析计算时,一般按下列步骤进行:

(1) 根据初态的给定条件,在 $h\text{-}s$ 图上(或水蒸气表中)查出初态的其他参数值。

(2) 根据初态和过程的特点及终态的一个参数值,确定终态,查出终态的其他参数值,并将过程表示在坐标图上,如图 5-5 所示。

(3) 根据热力学第一定律及热力学第二定律,结合过程的特点,计算过程中工质与外界交换的能量,所采用的计算公式如下:

定容过程:

$$w = 0, w_t = v(p_1 - p_2), q = \Delta u = u_2 - u_1 = (h_2 - h_1) - v(p_2 - p_1)$$

定压过程:

$$w = p(v_2 - v_1), w_t = -\int_1^2 v \mathrm{d}p = 0, q = h_2 - h_1$$

定温过程：

$$w = q - \Delta u = T(s_2 - s_1) - (h_2 - h_1) + (p_2 v_2 - p_1 v_1)$$
$$w_t = q - \Delta h = T(s_2 - s_1) - (h_2 - h_1)$$
$$q = \int_1^2 T \mathrm{d}s = T(s_2 - s_1)$$

定熵过程：

$$w = -\Delta u = u_1 - u_2 = (h_1 - p_1 v_1) - (h_2 - p_2 v_2), \quad w_t = -\Delta h, \quad q = 0$$

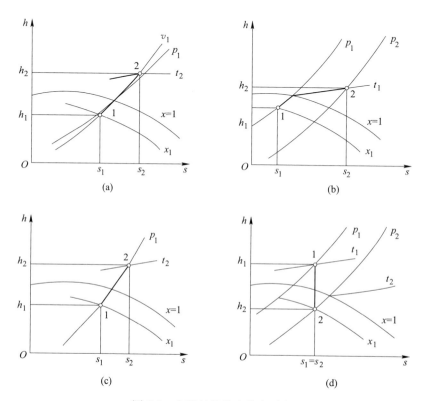

图 5-5　水蒸气的基本热力过程
（a）定容过程；（b）定温过程；（c）定压过程；（d）定熵过程

5.4　湿空气性质

5.4.1　饱和湿空气和未饱和湿空气

根据道尔顿定律，湿空气的总压强 p 等于水蒸气的分压强 p_v 与干空气的分压强 p_a 之和，即：

$$p = p_v + p_a \tag{5-1}$$

设湿空气温度 t，则其中水蒸气在给定的温度下有一对应的饱和分压强 $p_s(t)$。若水蒸气分压强 $p_v(t) < p_s(t)$，则空气中所含的水蒸气处于过热蒸汽状态，如图 5-6 中点 A，此时的湿空气称为未饱和湿空气。未饱和湿空气是干空气和过热水蒸气的混合物。在温度 t

不变的情况下，向未饱和湿空气中加入水蒸气，水蒸气分压强 p_v 增大，如图 5-6 中状态由点 A 向点 C 移动，当达到饱和蒸汽线上点 C 时，$p_v = p_s(t)$，则空气中所含的水蒸气处于干饱和蒸汽状态，此时的湿空气称为饱和湿空气。饱和湿空气是干空气和饱和水蒸气的混合物。由于 $p_s(t)$ 为温度 t 下水蒸气所能达到的最大压强，这时空气中水蒸气的含量也达到最大值，不可能再增加。即使强行加入，也会有液态水珠析出，也就是说饱和湿空气不具有吸水能力。

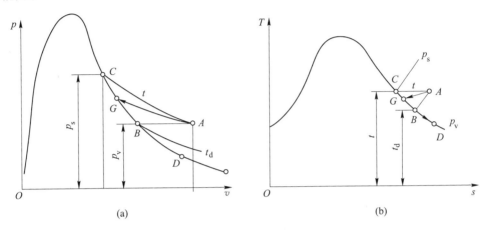

图 5-6 湿空气中水蒸气状态的 p-v 图（a）与 T-s 图（b）

当饱和湿空气的温度提高时，饱和湿空气即变成未饱和湿空气。例如，当湿空气的温度为 20℃、水蒸气的分压强 $p_v = 0.0023385\text{MPa}$ 时，是饱和湿空气。而在定压下将湿空气的温度提高到 30℃时，对应的饱和压强 $p_s = 0.0042451\text{MPa}$。因 $p_s > p_v$，这时的湿空气就是未饱和湿空气。

因此湿空气有两大类：

$$未饱和湿空气 = 干空气 + 过热蒸汽$$
$$饱和湿空气 = 干空气 + 干饱和蒸汽$$

5.4.2 结露和露点温度

如果将未饱和湿空气 A 点在定压（p_v 不变）下逐渐冷却，由于湿空气的总压强、干空气和水蒸气的分压强均不变，因此过程中水蒸气的状态将沿着分压强 p_v 不变的过程 A-B 变化。当温度降到与水蒸气分压强相对应的饱和温度（见图 5-6 中的 B 点）时，湿空气中的水蒸气便由过热状态变为饱和状态，相应的湿空气也就由未饱和湿空气变为饱和湿空气。若继续冷却降温，则其中的部分水蒸气将凝结为水，即出现所谓的结露现象。开始结露时的温度称为露点温度，记作 t_d。换句话说，露点温度是湿空气在定压条件下被冷却到开始析出水分时的温度，也就是相对应于水蒸气分压强的饱和温度，即：

$$t_a = t_s(p_v) \tag{5-2}$$

达到露点后若继续冷却，就会有水蒸气凝结成水滴析出，湿空气中的水蒸气状态将沿着饱和水蒸气线变化，如图 5-6 中的 B-D 所示。这时，温度继续降低，水蒸气分压强也随之降低。结露在初秋早晨的草地上最为常见，即使在盛夏，当空气湿度较大时，在自来水管的外表面也会出现结露。如果露点温度低于0℃，就会出现结霜。因此，测定露点还可以预报是否会有霜冻出现。

5.4.3　绝对湿度、相对湿度和湿含量

湿空气的湿度是指湿空气中水蒸气的含量。前面已指出，水蒸气的分压强可以表示湿空气中所含水蒸气的多少。此外，湿空气中水蒸气的含量还可以用绝对湿度、相对湿度和湿含量来表示。

5.4.3.1　绝对湿度

$1m^3$的湿空气中所含水蒸气的质量称为湿空气的绝对湿度，也就是湿空气中水蒸气的密度ρ_v，可根据湿空气的温度T和水蒸气的分压强p_v按照理想气体状态方程计算水蒸气的密度ρ_v：

$$\rho_v = \frac{m_v}{V} = \frac{p_v}{R_v T} \tag{5-3}$$

式中，R_v为水蒸气的气体常数，$R_v = 461.5\ \mathrm{J/(kg \cdot K)}$。

由式（5-3）可知，当温度一定时，绝对湿度随湿空气中水蒸气分压强p_v的增加而增大。当水蒸气分压强p_v达到湿空气温度T所对应的饱和压强p_s时，绝对湿度达到最大值，此时的湿空气就是饱和湿空气，此时的绝对湿度就是饱和绝对湿度ρ_s：

$$\rho_s = \frac{p_v}{R_v T} \tag{5-4}$$

具有相同绝对湿度的湿空气，由于所处的温度不同，吸湿能力也就有所不同，因此绝对湿度的大小还不能完全说明湿空气的吸湿能力，即不能说明湿空气的干燥或潮湿程度。为了说明湿空气的潮湿程度，还需引进相对湿度的概念。

5.4.3.2　相对湿度

湿空气的干湿程度对生产和人体生理的影响，并不单纯地取决于湿空气中含有水蒸气量的多少，而是取决于湿空气接近饱和的程度，相对湿度正是反映这种接近程度的一个状态参数。

湿空气的绝对湿度ρ_v与同温度下湿空气的最大绝对湿度，即饱和湿空气的饱和绝对湿度ρ_s的比值称为湿空气的相对湿度，用φ表示，即：

$$\varphi = \frac{\rho_v}{\rho_s}$$

根据理想气体状态方程式$\rho_v = \frac{p_v}{R_v T}$，$\rho_s = \frac{p_s}{R_v T}$，可得：

$$\varphi = \frac{\rho_v}{\rho_s} = \frac{p_v}{p_s} \tag{5-5}$$

式中，p_v和p_s分别为同一温度下未饱和湿空气与饱和湿空气的水蒸气分压强。

由此可见，相对湿度等于湿空气中水蒸气的分压强与同温度下饱和水蒸气分压强的比值。

相对湿度φ能反映湿空气接近饱和湿空气的程度。相对湿度的取值范围是$0 \leqslant \varphi \leqslant 1$。

中值越小，湿空气中水蒸气偏离饱和状态越远，空气越干燥，吸湿能力越强，对于干空气，$\varphi=0$；反之，φ 值越大，则湿空气中的水蒸气越接近饱和状态，空气越潮湿，吸湿能力越弱；当 $\varphi=1$ 时，湿空气为饱和湿空气，不具有吸湿能力。

5.4.3.3 湿含量

在通风空调及干燥工程中，经常要遇到调节湿空气中水蒸气含量的问题，需要确定对湿空气的加湿及减湿的数量。若对湿空气取单位体积或单位质量为基准进行计算，则会由于湿空气在处理过程中体积及质量两者皆随温度及湿度改变而给计算带来麻烦。而湿空气中只有干空气的质量不会随湿空气的温度和水蒸气的含量而改变。因此，在对湿空气的某些参数进行计算时均以 1kg 干空气作为计算的基准。

含有 1kg 干空气的湿空气中所包含的水蒸气的质量，称为湿空气的湿含量或比湿度，用 d 表示。

$$d = \frac{m_v}{m_a} = \frac{p_v}{p_a} \text{ kg/kg}$$

利用理想气体状态方程式 $pV = nRT$，V 表示湿空气的体积，也是干空气及水蒸气在各自分压强下所占有的体积，单位为 m^3。干空气及水蒸气的气体常数分别为：

$$R_a = \frac{8314\text{J}/(\text{kmol} \cdot \text{K})}{28.97\text{g/mol}} = 287\text{J}/(\text{kg} \cdot \text{K})$$

$$R_v = \frac{8314\text{J}/(\text{mol} \cdot \text{K})}{18.02\text{g/mol}} = 461\text{J}/(\text{kg} \cdot \text{K})$$

故湿含量（以干空气计）可写成：

$$d = 1000 \frac{R_a}{R_v} \frac{p_v}{p_a} = 1000 \frac{287}{461} \frac{p_v}{p_a} = 622 \frac{p_v}{p_a} = 622 \frac{p_v}{p - p_v} \text{ g/kg} \tag{5-6}$$

相对湿度 φ 能够表示湿空气的饱和程度，但是不能表示湿空气中水蒸气的含量；湿含量 d 与之相反，它能够表示湿空气中水蒸气的含量，但不能表示湿空气接近饱和的程度。

5.4.4 干球温度和湿球温度

干球温度即湿空气的温度，湿空气中干空气和水蒸气的温度是一致的，用"t"表示。图 5-7 所示为一个使未饱和空气在绝热情况下稳定流动加湿而达到饱和的物理模型。进入该装置的湿空气是未饱和空气，其温度为 t。如水槽足够长而且绝热，总水量远大于水的蒸发量。空气流与水经过充分的热、质交换之后，达到热湿平衡状态。此时，水槽中水的温度必定会达到一个不变的数值 t_w^*，而出口空气经过绝热加湿后，也达到饱和空气状态，其温度也是 t_w^*。这一稳定的温度值 t_w^* 称为绝热饱和温度，也称热力学湿球温度。热力学湿球温度是湿空气的状态参数，它只决定于进口湿空气的状态。

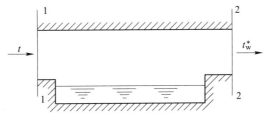

图 5-7　湿空气的绝热饱和温度

在工程应用中，要测量绝热饱和温度 t_w^* 是不可能的。因此，常用干湿球温度计中湿球温度计的读数 t_w 来代替 t_w^*，虽然 t_w 不是一个状态参数，受风速及测量条件的影响，但只要测量方法正确，在风速大于 4m/s 的情况下，两者相差不大，在一般的工程应用中是完全允许的。

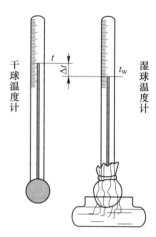

图 5-8 所示为用两支水银温度计组成的干、湿球温度计。干球温度计的读数就是湿空气的温度 t。另一支温度计的温包用湿布包起来，置于通风良好的湿空气中，当达到热湿平衡时，其读数就是湿球温度的读数 t_w。

在干、湿球温度计中，如果湿纱布中的水分不蒸发，两支温度计的读数应该是相等的。但由于空气是未饱和空气，湿球纱布上的水分将蒸发，水分蒸发所需的热量来自两部分：一部分是降低湿纱布上水分本身的温度而放出热量，另一部分是由于空气温度 t 高于湿纱布表面温度，通过对流换热空气将热量传给湿球。湿纱布上水分不断蒸发的结果，使湿球温度计的读数不断降低。最后，当达到热湿平衡时，湿纱布上水分蒸发的热量全部来自空气的对流换热，纱布上水分温度不再降低。此时，湿球温度计的读数就是湿球温度 t_w。

图 5-8   干、湿球温度计

由于干、湿球温度计受风速及测量环境的影响，在相同的空气状态下，可能会出现不同的湿球温度的数值。为此，应防止干、湿球温度计与周围环境之间的辐射换热，以及保证 4m/s 以上的风速。这样测得的 t_w 值，才能非常接近绝热饱和温度 t_w^* 的值，否则就会产生较大的误差。

湿空气状态与压强、温度间的关系是这样的，若湿空气为未饱和状态，则具有吸收水分的能力，水蒸气分压强 $p_v < p_s$，那么湿空气温度 t，露点温度 t_d，湿球温度 t_w 之间的关系为 $t > t_w > t_d$；若湿空气为饱和状态，则湿空气已没有再吸收水分的能力，则 $p_v = p_s$，$t = t_w = t_d$。

5.4.5   湿空气的密度及比体积

湿空气的密度是指 $1m^3$ 湿空气中含干空气和水蒸气的质量总和，即：

$$\rho = \frac{m}{V} = \frac{m_a + m_v}{V} = \rho_a + \rho_v \tag{5-7}$$

利用理想气体状态方程 $\rho_a = \dfrac{p_a}{R_a T}$ 及 $\rho_v = \dfrac{p_v}{R_v T}$，由上式得：

$$\rho = \rho_a + \rho_v = \frac{p_a}{R_a T} + \frac{p_v}{R_a T} = \frac{B - p_v}{R_a T} + \frac{p_v}{R_v T} = \frac{B}{R_a T} - \frac{p_v}{T}\left(\frac{1}{R_v} - \frac{1}{R_a}\right)$$

将 $R_a = 287 J/(kg \cdot K)$ 及 $R_v = 461 J/(kg \cdot K)$ 代入上式，得到

$$\rho = \frac{B}{R_a T} - 0.001315 \frac{p_v}{T} \tag{5-8}$$

由式（5-8）可见，湿空气的密度比同温度下干空气的密度小，而且温度越高，湿空气的密度越小，即湿空气比干空气轻。在温度和总压强相同的情况下，水蒸气含量越多，湿空气密度越小，即湿空气的密度还将随着相对湿度的增大而减小。

湿空气的体积是以 1kg 干空气为基准定义的，它表示在一定温度和总压强下，1kg 干空气和 $0.001d$（d 单位为 kg）水蒸气所占有的体积，即 1kg 干空气的湿空气体积 V（单位为 m^3），即：

$$v = \frac{V}{m_a}$$

结合湿空气密度的定义可得：$\rho v = 1 + 0.001d$，因此湿空气的比体积（以干空气计，单位为 m^3/kg）为：

$$v = \frac{1 + 0.001d}{\rho}$$

可见，与通常的 $\rho v = 1$ 有所区别。

5.4.6 湿空气的比焓

湿空气的比焓也是以 1kg 干空气为基准来表示的，指含有 1kg 干空气的湿空气的焓，它包括干空气的焓与水蒸气的焓，即：

$$h = \frac{H}{m_a} = \frac{m_a h_a + m_v h_v}{m_a} = h_a + 0.001d \cdot h_v$$

湿空气的比焓是指质量为 $1kg + 0.001d$ 的湿空气的焓值，单位为 kJ/kg。

选取 0℃ 为焓的计算基准点，0℃ 的干空气的焓为零。因此，温度为 t 的干空气的比焓 $h_a = c_{p,a} t = 1.01t$（h_a 单位为 kJ/kg）；水蒸气定压质量比热容为 $c_{p,a} = 1.86$ kJ/(kg·K)，0℃ 时水的汽化潜热 $r = 2501$ kJ/kg，从 0℃ 的水加热变为 t（℃）的蒸汽，其比焓 h_v 为：

$$h_v = r + c_{p,a} t = 2501 + 1.86t$$

因此，湿空气的比焓为：

$$h = 1.01t + 0.001d(2501 + 1.86t) \tag{5-9}$$

5.5 湿空气的比焓-湿图及热湿比

确定湿空气的状态需要三个彼此独立的状态参数。通常，在湿空气的总压强一定的情况下，只要已知任意另外两个彼此独立的状态参数，如 t 和 φ，就可用解析法确定湿空气的其他状态参数，如 t_d、t_w、h、d、p_v 等，进而对湿空气的热力过程进行分析计算。但解析计算较为烦琐，因此，通常绘制出湿空气的 h-d 图，供工程人员查用。由于 h-d 图都是在一定的大气压强下绘制的，因此只要给出湿空气的另外两个独立参数，就可以利用 h-d 图确定其他参数。

h-d 图的主要结构如图 5-9 所示，图中绘出了在大气压强 $p = 0.1$ MPa 下湿空气的比焓 h、湿含量 d、温度 t、相对湿度 φ、水蒸气分压强 p_v 等主要参数的等值线簇，分别介绍如下。

（1）等比焓线簇。为了能够使各种线簇不至于过于密集，读数方便，等比焓线绘成一组与纵坐标轴（与等 d 线）呈 135° 夹角的相互平行的倾斜直线，并取温度 $t = 0$℃ 时的焓值为零。

（2）等湿含量线簇。等 d 线是一组平行于纵坐标轴的垂直线，因此纵坐标轴即为 $d = 0$ 的等湿含量线。自左向右，d 值逐渐增加。由式（5-5）可知，在一定的总压强下，水蒸气的分压力 p_v 与 d 值一一对应，因此定 d 线也就是定 p_v 线。另外，湿空气的露点 t_d 仅取

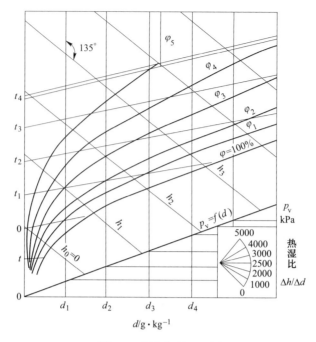

图 5-9　湿空气的 h-d 图

决于水蒸气的分压强 p_v，所以等 d 线也是等 t_d 线。实用上，为避免图面过大，一般取水平线作为 d 轴。

（3）等温线簇。根据式（5-8），当 t 为定值时，h 与 d 呈线性关系，其斜率为 $2501+1.86t$。显然，不同的等温线斜率各不相同，t 值越高，斜率越大，但由于 2501kJ/kg 远大于 $1.86t$ kJ/kg，所以这种差别并不显著。

（4）等相对湿度线簇。等相对湿度线簇是一组向上弯曲的曲线，随温度的降低，相对湿度增大。因此，$\varphi=1$ 的等相对湿度线处于最下位置，称为饱和湿空气线，线上各点分别代表不同温度下的饱和湿空气。饱和湿空气线将 h-d 图分为上、下两部分，上部是未饱和湿空气。$\varphi=1$ 的等相对湿度线也是不同湿含量时的露点线。$\varphi=1$ 时，$d=0$，即为干空气，所以纵坐标轴就是 $\varphi=0$ 的等相对湿度线。

（5）水蒸气的分压强线。由式（5-5）可知，当大气压强 p 一定时，水蒸气的分压强仅是湿含量 d 的函数，$p_v=f(d)$。由于湿空气中水蒸气的分压强一般很小，所以 $p \to p_v$。近似为一常数，于是 p_v 和 d 的关系接近直线，且 p_v 随 d 的增大而增大。两者之间的函数关系通常绘制在 $\varphi=1$ 的饱和湿空气线下部，并在右边的纵轴上标出水蒸气分压强的数值。

（6）等热湿比线。在湿空气处理过程中，除了有热交换外还有湿交换，热、湿交换是湿空气重要的能量交换，热、湿交换决定了状态变化的方向，通常用热湿比 ε 表示湿空气状态变化的方向和特征。ε 定义为状态变化前后的比焓差与湿含量差之比，即：

$$\varepsilon = 1000 \frac{\Delta h}{\Delta d} = 1000 \frac{h_2 - h_1}{d_2 - d_1}$$

1-2 过程的热湿比 ε 线在 h-d 图上反映了过程线 1-2 的倾斜度，因此也称角系数。

在 h-d 图上，对于各种过程，无论其初、终状态如何，只要过程的热湿比 ε 值相同，就都是相互平行的。因此某些实用的 h-d 图上，在右下方任取一点为基准点，作出一系列等热湿比线，每一斜率的直线对应于一个等 ε 值。

当已知过程的热湿比 ε 时，在 h-d 图上，通过初始状态点 1 作一条平行于热湿比 ε 线的辐射线，即得到通过点 1 的过程线。当知道终状态点 2 的任一参数时，如温度，则等 t_2 线与该过程线的交点即终状态点 2，从而在 h-d 图上就可确定点 2 的其他未知参数值。因此，在 h-d 图上利用热湿比线来分析和计算过程问题十分方便。

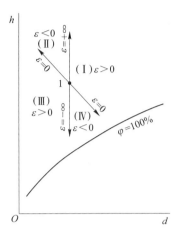

图 5-10　h-d 图四个区域的特征

从 $\varepsilon = 1000 \dfrac{\Delta h}{\Delta d}$ 可知，在定焓过程中 $\Delta h = 0$，热湿比 $\varepsilon = 0$。在定湿含量过程中，$\Delta d = 0$，如过程吸热，则 $\varepsilon = +\infty$；如过程放热，则 $\varepsilon = -\infty$。因此，定焓线与定湿含量线将 h-d 图分成四个区域，如图 5-10 所示。从两线交点 1 出发，终态点可落在四个不同的区域内，此时四个区域具有如下特点。

第 I 区域：从初态点 1 出发，落在这一区域内的过程，$\Delta h > 0$，$\Delta d > 0$，即增焓增湿过程，$\varepsilon > 0$。

第 II 区域：从初态点 1 出发，落在这一区域内的过程，$\Delta h > 0$，$\Delta d < 0$，即增焓减湿过程，$\varepsilon < 0$。

第 III 区域：从初态点 1 出发，落在这一区域内的过程，$\Delta h < 0$，$\Delta d < 0$，即减焓减湿过程，$\varepsilon > 0$。

第 IV 区域：从初态点 1 出发，落在这一区域内的过程，$\Delta h < 0$，$\Delta d > 0$，即减焓增湿过程，$\varepsilon < 0$。

5.6　湿空气的热力过程

湿空气处理过程的目的是使湿空气达到一定的温度与湿度，处理过程可以由一个过程或多个过程组合完成。这里介绍两种常见的加热吸湿过程和冷却去湿过程。

5.6.1　加热吸湿过程

工程上经常会遇到干燥处理过程，如木材、造纸、谷物、纺织品、药材、食品等许多加工工艺都需要烘干。如果将被干燥物体放在适当的场地自然干燥，则不仅时间长，且容易受气候条件的限制，干燥效果也不易控制。所以，工程上一般采用人工干燥的方法，利用未饱和湿空气来吸收被干燥物体的水分，达到干燥的目的。为了提高湿空气的吸湿能力，通常先对湿空气进行加热。由于加热过程中湿空气的湿含量 d 不变，但随着温度 t 升高，相对湿度 φ 降低，湿空气的吸湿能力增强。加热过程一般在加热器中进行，其过程曲线如图 5-11 中的 1-2 所示。

加热后的湿空气送入干燥室，吸收被干燥物料的水分，湿空气的湿含量 d 和相对湿度 φ 皆增加。由于湿空气在吸湿过程中与外界基本绝热，水分蒸发所吸收的潜热完全来自湿空气本身，因此是一绝热加湿过程。在这一过程中，湿空气的焓值基本不变，过程沿着等 h 线向 d 和 φ 增大、t 降低的方向进行，其过程曲线如图 5-11 中的 2-3 所示。

5.6.2　冷却去湿过程

湿空气被冷却时，温度降低。在温度降至露点以前其湿含量保持不变，相对湿度逐渐增加；当相对湿度等于 1 时，再继续被冷却，则过程将沿着 $\varphi=1$ 的饱和曲线向湿含量减少、温度降低的方向进行，同时析出水分，如图 5-12 中的 1-2 所示。

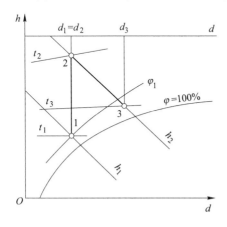

图 5-11　湿空气的加热吸湿过程

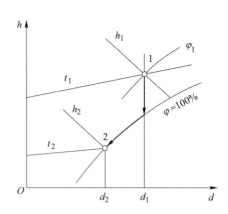

图 5-12　湿空气的冷却去湿过程

复习思考与练习题

5-1　有没有 380℃ 的饱和水，为什么？

5-2　蒸汽锅炉的压力表指示压强为 1.2MPa，当地大气压强为 0.1MPa，问锅炉内蒸汽温度为多少？

5-3　确定下列参数的状态：

1. $t=121℃$，$p=0.138MPa$；

2. $p=0.345MPa$，$v=0.5m^3/kg$；

3. $t=149℃$，$v=0.5m^3/kg$；

4. $p=0.5MPa$，$v=0.545m^3/kg$。

5-4　10kg 130℃ 的水蒸气中含有 1.5kg 的水，试确定水蒸气的状态及其参数。

5-5　水在 $p_1=10MPa$、$t_1=220℃$ 的状态下送入锅炉，定压加热至 $t_2=550℃$ 生成水蒸气流出锅炉，求每千克水在锅炉中吸收的热量。

5-6　分析下列说法是否正确：

1. 当 φ 固定不变时，湿空气温度 t 越高，则湿含量 d 越大。

2. 湿空气相对湿度 φ 越高，其湿含量也越大。

3. 当 $\varphi=0$ 时不含水蒸气，全为干空气，因此，当 $\varphi=100\%$ 时，湿空气就不含干空气，全为水蒸气。

5-7　已知湿空气温度 $t=20℃$，大气压强为 0.1MPa，水蒸气分压强 $p=872.5Pa$，请判断湿空气是否饱和？什么条件下结露？湿含量如何？

5-8　室内空气压强 $p=0.1MPa$、$t=30℃$，如已知相对湿度 $\varphi=40\%$，试计算空气中水蒸气的分压强、绝对湿度、露点和湿含量。

6 动力循环和制冷循环

工质从某一热力状态出发，经过一系列中间状态变化过程，又回到原来热力状态的全部过程的组合，称为热力循环，简称循环。循环可以分为两种，一种是产生对外输出功率的系统对外做功，这种循环称为动力循环（power cycle），也称为正循环；另一种是对系统产生制冷效应的，这种循环称为制冷循环（refrigeration cycle），也称为逆循环。完成工质的热力循环需要依靠一定的热力设备循环以实现热能和机械能之间连续不断地转换。

动力循环设备是通过工质将高温热源的部分热源能，连续不断地转化为机械能，称为热能动力装置或热力发动机，简称热机。根据工质的不同，动力循环可分为蒸汽动力循环（如蒸汽机、蒸汽轮机的工作循环）和燃气动力循环（如内燃机、燃气轮机装置的工作循环）两大类。

制冷循环设备是将机械能转换为热能的设备，能够将热量从低温介质转移到高温介质，把热量不断排向外部热源（通常就是大气环境）构成循环，制冷循环所采用的工质称为"制冷剂"，如空气、水、氨、氟利昂等。压缩制冷装置是目前使用广泛的一种制冷装置，绝大多数家用冰箱、空调机、冷柜等都是采用压缩式制冷。按制冷工质（即制冷剂）在循环过程中的状态不同分类，有气体压缩式制冷循环，即制冷剂在循环过程中一直处于气态；制冷剂于液、气两态之间转变则为蒸汽压缩制冷循环。除此之外，还有吸收式制冷循环、吸附式制冷循环、蒸汽喷射式制冷循环，以及半导体制冷等。

事实上，实际的循环过程都是十分复杂的且不可逆的。热力学研究中，一般先忽略实际循环中各种不可逆因素，将其简化为一典型的可逆循环（理想循环），然后对循环过程、能量变化和循环性能进行分析与计算。只要这种理想化处理科学合理并接近实际，那么理论循环的分析和计算就具有理论上的指导意义。本章将介绍几种常见循环装置的工作原理，并对相应的理想循环进行热量和功量转换以及热效率的分析。

6.1 蒸汽动力循环

以水蒸气为工质的蒸汽动力装置称为蒸汽动力循环，其中，朗肯循环是最简单的理想蒸汽动力循环，由等熵压缩、等压加热、等熵膨胀，以及一个等压冷凝过程组成。现代大型热力发电厂的动力装置都是以朗肯循环为基础加以改进演变而来的。

6.1.1 朗肯循环工作原理

朗肯循环由锅炉（蒸发器）、汽轮机、冷凝器和水泵四个基本热力设备组成。图6-1（a）给出了系统的装置图。若忽略水泵、汽轮机中的摩擦和热损失，以及工质在锅炉、冷凝器中的压力损失，朗肯循环可以理想化为下列4个基本的可逆过程组成的理想循环：

（1）水在水泵中的可逆绝热压缩过程3-4：水由水泵压缩加压后送入锅炉，过程工质中消耗功。

（2）水在锅炉和过热器中可逆定压加热过程 4-5-6-1：水经加热汽化由未饱和态变为过热蒸汽，过程中工质与外界无技术功交换。

（3）过热蒸汽在汽轮机中可逆绝热膨胀过程 1-2：蒸汽在汽轮机中膨胀并对外做功（轴功），在汽轮机出口处，蒸汽降为低压湿蒸汽（乏汽），过程中工质对外做功。

（4）蒸汽在冷凝器中的定压放热过程 2-3：低压蒸汽进入冷凝器内被冷却凝结成饱和水，再回到水泵，完成一个循环，过程中乏汽在冷凝器内对冷却水放热。

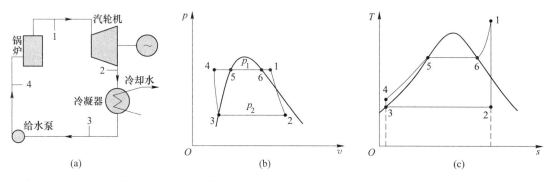

图 6-1　朗肯循环装置示意图（a）及 p-v 图（b）、T-s 图（c）

6.1.2　朗肯循环的净功和热效率的计算

朗肯循环的主要特性参数：从锅炉中输出的过热蒸汽状态（t_1，p_1）；由冷凝器中的冷凝状态所确定的汽轮机的排汽压强 p_2。若已知以上特性参数，再结合组成循环的各个基本热力过程的特征，就可以确定各点的状态，并对朗肯循环能量变化进行分析。根据稳定流动能量方程，锅炉中蒸汽的吸热量为：

$$q_1 = h_1 - h_4$$

汽轮机中蒸汽膨胀对外做功（轴功）：

$$w_T = h_1 - h_2$$

冷凝器中蒸汽的放热量：

$$q_2 = h_2 - h_3$$

冷凝水在水泵中绝热压缩所消耗功：

$$w_s = h_4 - h_3$$

循环净功：

$$w_0 = w_T - w_s = (h_1 - h_2) - (h_4 - h_3)$$
$$= (h_1 - h_4) - (h_2 - h_3)$$
$$= q_1 - q_2$$

循环热效率：

$$\eta_t = \frac{w_0}{q_1} = \frac{(h_1 - h_2) - (h_4 - h_3)}{h_1 - h_4} \tag{6-1}$$

由于给水泵消耗的轴功与汽轮机输出的轴功相比很小，可以忽略，即 $h_4 \approx h_3$，上式可简化为：

$$\eta_{\mathrm{t}} = \frac{w_0}{q_1} = \frac{h_1 - h_2}{h_1 - h_3} \tag{6-2}$$

6.1.3 提高蒸汽动力循环热效率的途径

6.1.3.1 提高蒸汽初温、初压和降低排汽压强

提高蒸汽初温 t_1、初压 p_1 可以提高蒸汽动力循环的平均吸热温度，降低排汽压强 p_2 主要是降低循环的平均放热温度。在强度和排汽干度允许的条件下应尽量提高 t_1 和 p_1，在环境温度允许的条件下尽量降低 p_2，即可有效提高蒸汽动力循环热效率。

6.1.3.2 再热循环

采用蒸汽中间再热的措施，可以避免在提高蒸汽的初压时，乏汽的干度不至于过低而影响汽轮机的安全运行，由此形成的循环称为再热循环。图 6-2 所示为再热循环示意图和 T-s 图。新蒸汽在高压汽轮机中膨胀做功至某一中间压强以后，被导入到锅炉中的再热器，吸收烟气放出的热量，然后再导入低压汽轮机中继续膨胀做功到终压 p_2。由图 6-2（b）可见，蒸汽经再过热以后，汽轮机排汽干度明显提高。而且，只要合理选择中间再热压强（一般为初压的 20%～30%），再热循环的吸热平均温度将高于基本循环温度，使循环热效率得到提高。因此现代大型火力发电机组在工作中都采用了再热循环。

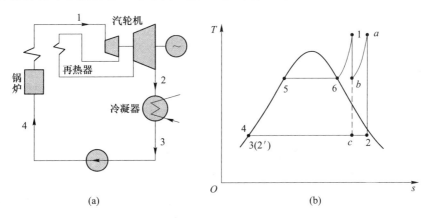

图 6-2　再热循环装置示意图（a）及 T-s 图（b）

6.1.3.3 抽汽回热循环

朗肯循环吸热平均温度不高的主要原因是锅炉给水温度太低（冷凝气压 p_2 对应的饱和温度），给水回热的方法就是从汽轮机中抽取部分已做过功但压力还不太低的少量蒸汽来加热进入锅炉之前的低温给水，减少从高温热源的吸热量，进而可以有效地提高循环热效率。这种包含给水回热的蒸汽循环称为抽汽回热循环。理想回热循环装置示意图和 T-s 图如图 6-3 所示。

6.1.3.4 热电联产

在蒸汽动力循环装置中，尽管采用高参数、再热和回热等措施，但热效率仍低于 50%，有 50% 左右的热能被排放于冷却水或大气中。这部分热能由于温度相对较低，不能再用来转换为机械能，但却可以为人们日常生活和工业生产提供大量的供热蒸汽或热水。

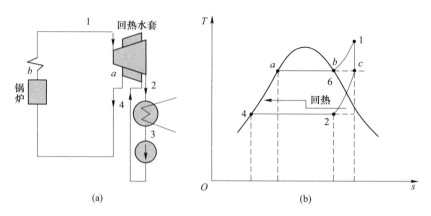

图 6-3　理想回热循环装置示意图（a）及 *T-s* 图（b）

因此，如果蒸汽动力装置在生产电能的同时，把热功转换过程中必须放出的热量取出来用以供热，就可以有效地利用冷凝过程中所放出的热量，从而大大提高燃料的利用率。这种方法称为热电联供，既发电又供热的电厂通常称为热电厂。热电联产利用发电后的废热用于工业制造或是利用工业制造的废热发电，可达到能量最大化利用的目的。

6.2　燃气动力循环

燃气动力装置是以燃烧气体为工质，并采用内燃机、燃气轮机或喷气发动机作为原动机的动力装置。广义上的内燃机包括往复活塞式内燃机、旋转活塞式发动机和自由活塞式发动机，以及旋转叶轮式的燃气轮机、喷气式发动机等，但通常所说的内燃机是指活塞式（或往复式）内燃机循环，燃料直接在气缸里燃烧，用燃烧的产物作为工质推动活塞做功，再由连杆带动曲轴转动，将燃料气体中的热能一部分转换为机械能。

燃气轮机装置是一种旋转叶轮式的燃气动力装置，直接使用连续流动的燃气作为工质，不需要像蒸汽动力装置那样庞大的换热设备，也没有内燃机那样的往复运动机构，它可以采用很高的转速，可以连续进气，因此可以用于大功率的动力装置。由于其运转平稳，动力均匀，结构紧凑轻巧，管理简便，启动迅速，特别适用于做航空发动机，也广泛用于机车、舰船及电站的动力装置。

6.2.1　活塞式内燃机循环

活塞式内燃机的吸气、压缩、燃烧、膨胀和排气过程都是在同一个带有活塞的气缸中进行的。活塞在气缸中从一端移到另一端的距离称为"冲程"，也称之为行程。如果在四个冲程中完成整个过程组成的一个循环，则称为四冲程循环；如果在两个冲程中完成一个循环，就称为二冲程循环。汽油机、煤气机一般是点燃式四冲程内燃机，而柴油机则是压燃式四冲程内燃机。二冲程内燃机主要用于轻型交通工具及园艺机械上。

下面以四冲程柴油机为例说明简化方法。柴油机工作循环的四个冲程（见图6-4）分别如下：

（1）吸气冲程 0-1：活塞从汽缸左止点 0 向右移动，进气阀开启，吸入空气。由于进

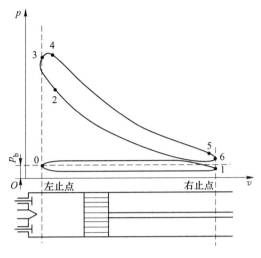

图 6-4 四冲程柴油机工作原理

气阀的节流作用，气缸内气体的压强低于大气压强。此过程是缸内气体数量增加，热力学状态不变的机械传输过程。

（2）压缩冲程 1-2：活塞到达右止点 1 时，进气阀关闭，活塞返行，消耗外功对空气压缩升压，当返行至左止点 0，压缩终了时，空气的压强可达 3～5MPa，温度达 600～800℃，大大超过了柴油的自燃温度（3MPa 时柴油的自燃温度约为 205℃）。这时柴油经高压雾化喷嘴喷入气缸。

（3）动力冲程 2-3-4-5：活塞到达左止点 0 时，气缸内已有相当数量的柴油，由于柴油有一个滞燃期，并且柴油机的转速较高，压缩冲程的柴油实际上是在活塞接近左止点 0 时才开始燃烧。柴油一遇高温空气燃烧就十分迅猛，压强迅速上升至 5～9MPa，而活塞向右位置移动甚微，所以这一燃烧过程接近定容过程（2-3）。随着活塞右行，喷油和燃烧继续进行，此时缸内压强变化不大，这段燃烧过程接近定压（3-4）。活塞到达点 4 时喷油结束，此时气体温度可达 1700～1800℃。高温高压下气体膨胀做功，压强、温度下降，活塞自左向右移动，到达点 5 时气体的压强下降到 0.3～0.5MPa，温度约 500℃。

（4）排气冲程 5-6-0：活塞移动到点 5 时，排气阀打开，部分废气排入大气，气缸中气体的压强骤减（5-6），活塞移动极微，近似于定容降压过程。当气体压强降至略高于大气压强 p_b 时，活塞开始向左返行（6-0），将气缸中剩余的气体排出，至此完成了一个实际循环。

根据活塞式内燃机的理论示功图，就可确定相应的理想热力循环。这时可按各个过程的性质分别取相应的可逆过程。用可逆的绝热膨胀过程及压缩过程代替实际的膨胀及压缩过程，用可逆的定容加热过程及定压加热过程代替具有化学反应的燃烧过程，用可逆的定容降压的放热过程代替定容排气过程。因为定压进气过程 0-1 与定压排气过程 1-0 的功量相互抵消而对整个循环没有影响，因此在对热力循环进行分析时可不考虑这两个过程。从而，理想化的内燃机循环可分为三类：定容加热循环、定压加热循环及混合加热循环。

为了说明内燃机的工作过程对循环热效率的影响，首先引入内燃机的 3 个特性参数：

压缩比 $\varepsilon = v_1/v_2$，表示压缩过程中工质体积被压缩的程度。

升压比 $\lambda = p_3/p_2$，表示定容加热过程中工质压力升高的程度。

预胀比 $\delta = v_4/v_3$，表示定压加热时工质体积膨胀的程度。

6.2.1.1 定容加热循环

点燃式内燃机吸入气缸内的是预先混合好的燃料与空气的混合气，混合气在压缩接近终了时被迅速点燃，在此过程中活塞位移极小，可以认为是在定容下完成全部燃烧过程，称此为奥图循环（Otto cycle）。如图 6-5 所示，此情况下的定压预胀比 $\delta = 1$，它是汽油机和煤油机的理想循环，由定熵压缩过程 1-2、定容加热过程 2-3、定熵膨胀过程 3-4、定容放热过程 4-1 所组成。

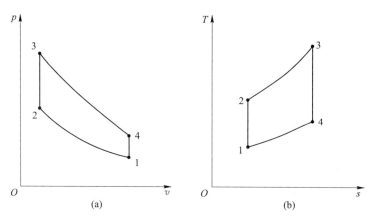

图 6-5 定容加热循环的 $p\text{-}v$ 图（a）与 $T\text{-}s$ 图（b）

循环吸热量：
$$q_1 = c_V(T_3 - T_2)$$

循环放热量：
$$q_2 = c_V(T_4 - T_1)$$

定容加热循环的循环净功为：

$$w_0 = q_1 - q_2 = \frac{p_1 v_1}{k-1}(\lambda - 1)(\varepsilon^{k-1} - 1) \tag{6-3}$$

定容加热循环热效率为：

$$\eta_t = \frac{w_0}{q_1} = 1 - \frac{1}{\varepsilon^{k-1}} \tag{6-4}$$

可见，随着压强升高比 λ 及压缩比 ε 增加，定容加热循环的循环净功均增大。而热效率随着 ε 增大而提高，随着负荷增加（即 q 增大），循环热效率并不变化，因为 q 增加不会使 ε 发生变化。事实上，实际汽油机在 ε 增大和 q 增加的情况下，都会使加热过程终了时工质的温度上升，造成 k 值有所减小，这个因素会导致循环的热效率有所下降。

汽油机、煤气机吸气过程中吸入气缸的是空气-燃料混合物，经压缩后用电火花点燃，实现接近于定容燃烧加热过程。然而被压缩的气体是空气-燃料混合物，受到混合气体自燃温度的限制，不能采用较大的压缩比，否则混合气体就会"爆燃"问题，因此这类内燃机由于压缩比相对较小，循环热效率比较低。而柴油机将燃料和空气分开，使吸气过程与压缩过程的工质都仅仅是空气，这样压缩后就不会出现自燃问题，从而可以提高压缩比，达到提高循环热效率的目的。压缩比高的柴油机主要用于装备重型机械，如推土机、重型卡车、船舶主机等。汽油机主要应用于轻型设备，如轿车、摩托车、园艺机械、螺旋桨直升机等。

6.2.1.2 定压加热循环

早期的低速柴油机的柴油喷入汽缸燃烧，随喷随燃，大部分燃料是在左止点以后燃烧，缸内压强变化不大，因此可理想化为一个定压加热过程，即升压比 $\lambda = 1$，成为如图 6-6 所示的定压加热循环，也称为笛塞尔循环（Diesel cycle），由定熵压缩过程 1-2、定压加热过程 2-3、定熵膨胀过程 3-4、定容放热过程 4-1 所组成。

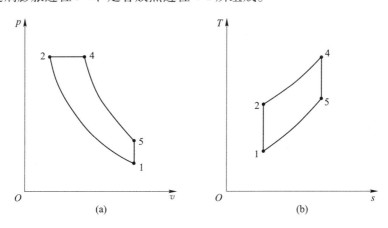

图 6-6　定压加热循环的 $p\text{-}v$ 图（a）与 $T\text{-}s$ 图（b）

定压加热循环的循环净功为：

$$w_0 = \frac{p_1 v_1}{k-1}\left[k\varepsilon^{k-1}(\delta-1)(\delta^k-1)\right] \tag{6-5}$$

即 ε 和 δ 增加时，定压加热循环的净功增加。

定压加热循环的热效率为：

$$\eta_t = 1 - \frac{\delta^{k-1}}{k(\delta-1)\varepsilon^{k-1}} \tag{6-6}$$

可见，提高 ε 及降低 δ，可以提高定压加热循环的循环热效率。

6.2.1.3 混合加热循环（萨巴德循环）

柴油机的实际循环按照以上处理，可理想化为如图 6-7 所示的混合加热理想循环，又称萨巴德循环（Sabathe cycle）。其中 1-2 为可逆绝热压缩过程，2-3 为定容加热过程，3-4 为定压加热过程，4-5 为可逆绝热膨胀过程，5-1 为定容放热过程。

依据热力学第一定律，有：

$$\eta_t = 1 - \frac{|q_2|}{q_1' - q_1''} \tag{6-7}$$

式中，q_1' 和 q_1'' 分别为定容过程和定压过程的吸热量。

利用循环中各状态间的参数关系，可以得到混合加热循环的热效率为：

$$\eta_t = 1 - \frac{\lambda\delta^{k-1}}{[(\lambda-1)+k\lambda(\delta-1)]\varepsilon^{k-1}} \tag{6-8}$$

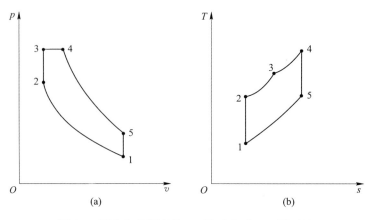

图 6-7   混合加热循环的 p-v 图（a）与 T-s 图（b）

式（6-8）说明，混合加热循环的热效率随 ε 和 λ 的增大而提高，随 δ 的增大而降低。

这可以用图 6-8 来解释，当压缩比 ε 和定容升压比 λ 增大时，循环的平均吸热温度提高（$T'_{m1} > T'_{m2}$），而平均放热温度不变，故循环热效率也升高（$\eta'_t > \eta_t$）。而预胀比 δ 增大之所以导致循环热效率的降低，是因为在定压加热后期加入的热量越多，在膨胀过程中能够转换为功量的部分越少。

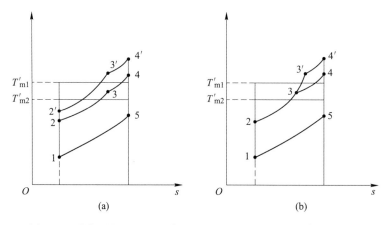

图 6-8   不同压缩比（a）、升压比和预胀比（b）的混合加热循环

6.2.2   燃气轮机循环

燃气轮机装置由压气、燃烧、膨胀 3 个设备组成，如图 6-9 所示。首先压气机连续地从大气中吸入空气并将其压缩升压后送入燃烧室，并和燃油泵送来的燃油混合燃烧，形成高温燃气，随后高温高压的燃气进入燃气轮机膨胀做功：燃气轮机中混合气先在由静叶片组成的喷管中膨胀，形成高速气流，然后冲出通道形成推力推动叶片，带动压气机旋转，同时由于加热后的高温燃气的做功能力显著提高，因而尚有余功作为燃气轮机的输出机械功。从燃气轮机排出的废气进入大气环境，放热冷却后完成一个开式循环。

为了使问题简化，首先对实际循环进行理想化处理：（1）忽略燃料的质量，并假定工质的比热是定值；（2）工质经历的所有过程都是可逆过程；（3）在压气机和燃气轮机中，

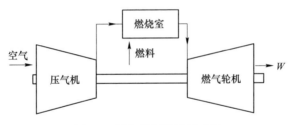

图 6-9 燃气轮机装置示意图

工质经历的过程是绝热过程；（4）燃烧室中工质经历的是定压过程；（5）工质向大气放热的过程也是定压放热。下面对理想燃气轮机循环进行分析。

将燃气轮机装置工作循环抽象为由绝热压缩过程 1-2、定压加热过程 2-3、绝热膨胀过程 3-4 和定压放热过程 4-1 等四个可逆过程组成的理想热力循环，该循环称为定压加热燃气轮机循环，即布雷顿循环，循环的 p-v 图与 T-s 图如图 6-10 所示。

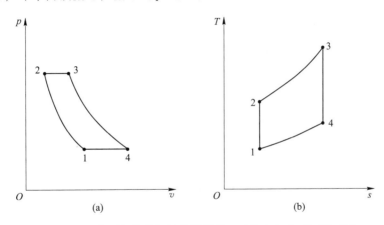

图 6-10 定压加热燃气轮机循环的 p-v 图（a）与 T-s 图（b）

循环吸热量：
$$q_1 = c_p(T_3 - T_2)$$

循环放热量：
$$q_2 = c_p(T_4 - T_1)$$

定压加热燃气轮机循环热效率为：

$$\eta_t = 1 - \frac{q_2}{q_1} = 1 - \frac{T_4 - T_1}{T_3 - T_2} \tag{6-9}$$

由绝热过程 1-2 和 3-4，有：

$$\frac{T_4}{T_3} = \left(\frac{p_4}{p_3}\right)^{\frac{k-1}{k}}$$

$$\frac{T_1}{T_2} = \left(\frac{p_1}{p_2}\right)^{\frac{k-1}{k}}$$

由定压过程 2-3 和 4-1，又有：

$$\frac{p_4}{p_3} = \frac{p_1}{p_2}$$

因此

$$\frac{T_4}{T_1} = \frac{T_3}{T_2}$$

于是，应有：

$$\eta_{tB} = 1 - \frac{T_1}{T_2} \qquad (6\text{-}10)$$

从式（6-10）可以看出，布雷顿循环的热效率仅取决于压缩过程的始、末态温度。但值得注意的是，上式中的 T_1 和 T_2 只不过是循环中点 1 和点 2 的温度，并非吸热过程和放热过程的热源温度。

将升压比 $\lambda = \dfrac{p_2}{p_1}$ 代入，则可得：

$$\frac{T_2}{T_1} = \left(\frac{p_2}{p_1}\right)^{\frac{k-1}{k}}$$

因此，布雷顿循环的热效率又可表达为：

$$\eta_{tB} = 1 - \frac{1}{\lambda^{\frac{k-1}{k}}} \qquad (6\text{-}11)$$

由式（6-11）可见，按照布雷顿循环的燃气轮机装置的理论热效率取决于压缩过程的升压比 λ，并且随 λ 的提高而增大。

循环净功量 w_0 是燃气轮机做功与压气机耗功之差，也等于循环吸热量 q_1 与放热量 q_2 之差，在 p-v 图及 T-s 图上相当于封闭过程线包围的面积 1-2-3-4-1。根据热力学第一定律和各点之间状态参数的关系：

燃气轮机做功量 w_T：

$$w_T = h_3 - h_4 = c_p T_3 \left(1 - \frac{T_4}{T_3}\right) = c_p T_3 \left(1 - \frac{1}{\lambda^{\frac{k-1}{k}}}\right)$$

压气机耗功量 $|w_s|$：

$$w_s = h_2 - h_1 = c_p T_1 \left(\frac{T_2}{T_1} - 1\right) = c_p T_1 (\lambda^{\frac{k-1}{k}} - 1)$$

因此，循环净功为 w_0：

$$w_0 = w_T - w_s = c_p T_3 \left(1 - \frac{1}{\lambda^{\frac{k-1}{k}}}\right) - c_p T_1 (\lambda^{\frac{k-1}{k}} - 1) \qquad (6\text{-}12)$$

可见，当最高温度 T_3 一定时，循环净功决定于升压比 λ，λ 越大时，w_0 就越大。

6.2.3　提高燃气轮机装置热效率的措施

6.2.3.1　燃气轮机装置的回热循环

燃气轮机装置的理想回热循环由 6 个可逆过程组成，1-2 为压气机中的绝热压缩过程；

2-6 为回热器中的定压预热过程；6-3 为燃烧室中的定压加热过程；3-4 为燃气轮机中的绝热膨胀过程；4-5 为回热器中的定压放热过程；5-1 为大气中的定压放热过程，如图 6-11 所示。

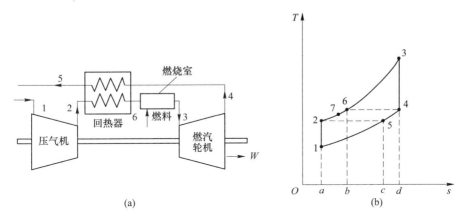

图 6-11　燃气轮机回热循环装置示意图（a）及回热理论循环 T-s 图（b）

采用回热措施时，空气进入燃烧室时的温度由 T_2 提高到了 T_6，从而大大提高了燃烧室中空气定压加热过程的平均加热温度。同时，排入大气的废气温度也由 T_4 降低到了 T_5，从而降低了废气在大气中定压放热过程的平均放热温度。因此，由等效卡诺循环的热效率公式可知，采用回热措施能提高燃气轮机装置循环的热效率。

6.2.3.2　采用多级压缩中间冷却以及再热的回热循环

在采用回热措施的基础上，采用多级压缩中间冷却措施，以及多级膨胀中间再热措施。多级压缩中间冷却，可使压缩终了温度降低。而多级膨胀中间再热，可使膨胀终了温度提高。这两方面都可使回热的温度范围大为扩展，从而提高平均吸热温度及降低平均放热温度，使循环热效率得到较大的提高。

例题 6-1　以 1kg 空气为工质的混合加热循环（见图 6-7），压缩开始时压强 $p_1 = 0.1\text{MPa}$，温度 $T_1 = 300\text{K}$、压缩比 $\varepsilon = 15$，定容下加入热量为 700kJ，定压下加入的热量为 1160kJ。试求：（1）循环的最高压强 $p_{\max}$；（2）循环的最高温度 $T_{\max}$；（3）循环热效率 η_t；（4）循环净功量 w_0。

解：（1）由已知条件求各特征状态点的参数。

点 1：$v_1 = \dfrac{R_g T_1}{p_1} = \dfrac{287\text{J}/(\text{kg}\cdot\text{K}) \times 300\text{K}}{0.1 \times 10^6 \text{Pa}} = 0.861\text{m}^3/\text{kg}$

点 2：$v_2 = \dfrac{v_1}{\varepsilon} = \dfrac{0.861\text{m}^3/\text{kg}}{15} = 0.0574\text{m}^3/\text{kg}$

$$T_2 = T_1 \left(\frac{v_1}{v_2}\right)^{k-1} = 300 \times 15^{1.40-1}\text{K} = 886\text{K}$$

$$p_2 = p_1 \left(\frac{v_1}{v_2}\right)^{k} = 0.1 \times 15^{1.40}\text{MPa} = 4.43\text{MPa}$$

点 3：因　　$q_{2-3} = c_V(T_3 - T_2)$

于是 $T_3 = \dfrac{q_{2-3}}{c_V} + T_2 = \dfrac{700}{0.716} + 886 = 1864\text{K}$

$$\dfrac{p_3}{p_2} = \dfrac{T_3}{T_2}$$

$$p_{\max} = p_3 = p_2 \times \dfrac{T_3}{T_2} = 4.43 \times \dfrac{1864}{886} = 9.32\text{MPa}$$

（2）$q_{3\text{-}4} = c_p(T_4 - T_3) = 1.005 \times (T_4 - 1864) = 1160\text{kJ/kg}$

$$T_{\max} = T_4 = \dfrac{1160}{1.005} + T_3 = \dfrac{1160}{1.005} + 1864 = 3018\text{K}$$

（3）$\dfrac{v_5}{v_4} = \dfrac{v_5}{v_3} \cdot \dfrac{v_3}{v_4} = \dfrac{v_1}{v_2} \cdot \dfrac{v_3}{v_4} = \varepsilon \cdot \dfrac{v_3}{v_4} = \dfrac{15}{1.619} = 9.265$

$$\dfrac{T_5}{T_4} = \left(\dfrac{v_4}{v_5}\right)^{k-1} = \dfrac{1}{(9.265)^{1.40-1}} = 0.410$$

$$T_5 = T_4\left(\dfrac{v_4}{v_5}\right)^{k-1} = 3018 \times 0.410 = 1237\text{K}$$

$$\begin{aligned}
\eta_t &= 1 - \dfrac{q_2}{q_1} = 1 - \dfrac{c_V(T_5 - T_1)}{c_V(T_3 - T_2) + C_p(T_4 - T_3)} \\
&= 1 - \dfrac{(T_5 - T_1)}{(T_3 - T_2) + k(T_4 - T_3)} \\
&= 1 - \dfrac{1237 - 300}{(1864 - 886) + 1.40(3018 - 1864)} \\
&= 0.639
\end{aligned}$$

（4）$w_0 = \eta_t q_1 = \eta_t(q_{2\text{-}3} + q_{3\text{-}4}) = 0.639 \times (700 + 1160) = 1189\text{kJ/kg}$

6.3 空气压缩制冷循环

空气压缩制冷循环由空气作为制冷装置的工质，其吸热及放热过程为定压过程。外界消耗机械功驱动压气机工作，来自冷藏库内换热器的空气被吸入压气机进行绝热压缩。从压气机出来的空气进入冷却器进行定压冷却，其温度降低到冷却介质的温度。然后，空气进入膨胀机，在其中进行绝热膨胀而降压、降温。温度低于冷藏库温度的空气被引入冷藏库内的换热器中，从其周围物体吸热，在定压下其温度升高到冷库温度，最后又被压气机吸出重复上述循环，如图6-12所示。

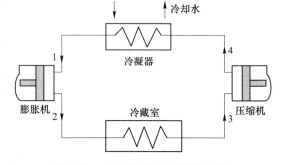

图 6-12 空气压缩制冷装置示意图

空气压缩制冷装置的理想循环由四个可逆过程组成：绝热压缩过程 1-2、定压放热过程 2-3、绝热膨胀过程 3-4 和定压吸热过程

4-1。这是一个逆向循环，其中定压吸热终了的温度 T_1 接近冷藏库温度，而定压放热终了的温度 T_3 接近环境温度，如图 6-13 所示。

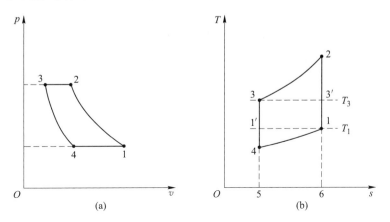

图 6-13 空气压缩制冷理想循环的 p-v 图（a）与 T-s 图（b）

循环的制冷量为定压吸热过程 4-1 中工质吸取的热量：

$$q_2 = h_1 - h_2 = \int_{T_4}^{T_1} c_{p_0} \mathrm{d}T$$

循环消耗的净功为：

$$|w_0| = |(w_s)_{1-2}| - (w_s)_{3-4} \tag{6-13}$$
$$= (h_2 - h_1) - (h_3 - h_4)$$

由此可得空气压缩制冷循环制冷系数的表达式为：

$$\varepsilon = \frac{q_2}{|w_0|} = \frac{h_1 - h_4}{(h_2 - h_1) - (h_3 - h_4)}$$

制冷系数 ε 表示在制冷循环中，制冷剂从被冷却物体中所制取的冷量 q_0 与所消耗的机械功 w_0 之比值。

设空气的比热容为定值，并依照按绝热过程 1-2 及 3-4 状态参数之间的关系，可以求得：

$$\varepsilon = \frac{1}{\left(\dfrac{p_2}{p_1}\right)^{\frac{k-1}{k}} - 1} \tag{6-14}$$

从空气压缩制冷的 p-v 图和 T-s 图可看到，循环中吸热过程 4-1 的平均吸热温度总是低于冷藏库温度 T_1，放热过程 2-3 的平均吸热温度总是高于环境温度 T_3，因而其制冷系数总是小于在 T_1、T_3 相同温度下工作的逆向卡诺循环的制冷系数。

由于空气的比热容较小，因此制冷量 q_2 较小。因此，当冷库温度 T_1 及环境温度 T_2 一定时，若需加大吸热过程 4 中空气吸取的热量，就必须降低绝热膨胀终了的温度 T_4，即意味着增加 $p_2：p_1$ 的比值。此时循环的制冷系数就要有所降低。因而，空气压缩制冷循环的单位工质制冷量很难增大，总是比较小。因此，为使装置的制冷量提高，只能加大空气的流量，例如可采用叶轮式的压气机和膨胀机代替活塞式的机器。

6.4 蒸汽压缩制冷循环

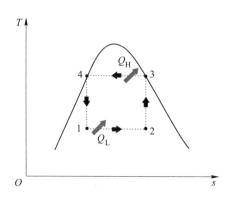

最理想的制冷循环为逆卡诺循环，由两个可逆的等温过程和两个可逆的绝热过程组成，系统组成如图 6-14 所示。制冷剂在状态 1 开始从低温热库处等温吸热，吸收热量 Q_L，达到状态 2；然后制冷剂通过压缩机等熵压缩，达到状态 3，温度由 T_L 升高至 T_H；从状态 3 开始，制冷剂向高温热库放热，放出热量 Q_H，达到状态 4；最后制冷剂通过涡轮等熵膨胀，对外膨胀，温度由 T_H 降低至 T_L，回到状态 1，开始下一个循环。

图 6-14   逆卡诺循环 T-s 图

逆卡诺循环的制冷系数是所有制冷循环中最大的，但是实际的制冷循环却不能按逆卡诺循环进行。实际上使用较多的制冷循环的蒸汽压缩制冷循环，在状态 4-1 的膨胀过程中体积变化很小，所产生的膨胀功甚至不足以克服膨胀机本身的摩擦阻力，因此，在蒸汽压缩式制冷循环中，用膨胀阀来代替理想制冷循环中的膨胀机，既简化了制冷装置，又可通过膨胀阀调节进入蒸发器的流量。蒸汽压缩式制冷基本理论循环装置一般由压缩机、冷凝器、膨胀机和蒸发器（换热器）组成，其结构图和 T-s、$\lg p$-h 图如图 6-15 所示。

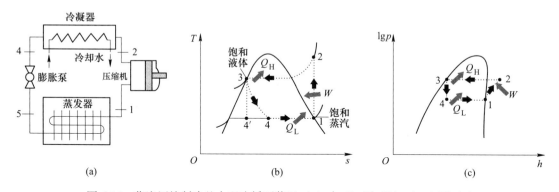

图 6-15   蒸汽压缩制冷基本理论循环装置（a）与 T-s 图（b）、$\lg p$-h 图（c）

实际工程中进入膨胀机的是液态制冷剂，其制冷循环过程经历四个部分：1-2 为压缩机中的等熵压缩；2-3 为冷凝器中的等压放热；3-4 为在膨胀装置中的节流；4-1 为蒸发器中的恒压吸热。

从图 6-15（b）还可看出，理想制冷循环的压缩过程是在湿蒸汽区进行的，这在实际运行中是绝对禁止的（如用活塞式压缩机则会发生冲缸现象，即将气缸吸排气阀片击碎，甚至破坏气缸盖）。所以，进入制冷压缩机的制冷剂至少要求是干饱和蒸汽（可进行冷却处理）。

实际的蒸汽压缩制冷循环（见图 6-16）压缩过程并不是等熵的，有熵增（1-2）和熵减（1-2′）两种情况，即吸热和放热两种情况。因为比容小的制冷剂需要的功更少，制冷机的效率更高，所以 1-2′ 更加符合我们的需求。

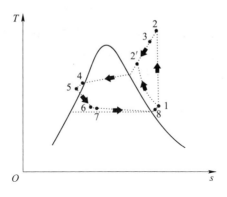

图 6-16 实际蒸汽压缩制冷循环 T-s 图

工质自冷藏库吸收的热量：

$$q_2 = h_1 - h_5 = h_1 - h_4$$

因绝热节流后工质的比焓不变，所以 $h_5 = h_4$，h_4 为压强 p_2 下的饱和制冷剂液体的比焓，可以从饱和蒸汽表上查得。

工质向外界排出的热量：

$$q_1 = h_2 - h_4$$

消耗的机械能：

$$w_0 = h_2 - h_1$$

制冷系数：

$$\varepsilon = \frac{q_2}{w_0} = \frac{h_1 - h_4}{h_2 - h_1} \tag{6-15}$$

式中，h_1 为压强 p_1 下的饱和制冷剂蒸气的比焓，kJ/kg；h_4 为压强 p_2 下的饱和制冷剂液体的比焓，kJ/kg；h_2 为被压缩后的制冷剂的比焓，kJ/kg。

制冷剂的质量流量（单位为 kg/s）：

$$\dot{m} = \frac{Q_2}{q_2}$$

式中，Q_2 为制冷装置的供冷能力，kW。

压缩机的功率为：$\qquad P = \dot{m} \cdot w_0$

冷凝器的热负荷为：$\qquad Q_1 = \dot{m} \cdot q_1$

尽管前面叙及的理论制冷循环较理想制冷循环更接近于实际，但和工程实际的制冷循环仍存在以下差别：（1）制冷剂蒸气在压缩机中进行的压缩过程不是等熵绝热过程，而是一个多变过程；（2）制冷剂通过压缩机吸、排气阀时有较大局部阻力，和气缸有热交换；制冷剂在蒸发器、冷凝器中的换热过程不是定压过程，有阻力损失，而且存在温差传热；（3）制冷剂在管道内流动时有阻力损失并与外界有热量交换。

复习思考与练习题

6-1 蒸汽动力循环中，在汽轮机膨胀做功后的乏汽排入凝汽器，向循环冷却水放出大量的热量 Q_2。如果将乏汽直接送入锅炉使其吸热再变为新蒸汽，这样不仅减少了 Q_2，而且减少了对新蒸汽的加热量 Q_1，效率自然升高，这种想法对不对，为什么？

6-2 回热是什么意思，为什么回热能提高循环的热效率？

6-3 活塞式内燃机循环理论上能否利用回热来提高热效率，实际中是否采用，为什么？

6-4 在燃气轮机装置的定压加热理想循环中，工质可视作空气，进入压气机的温度 $t_1 = 27℃$，压强 $p_1 = 0.1MPa$，循环升压比 $\lambda = p_2/p_1 = 4$。在燃烧室中加入热量 $q_1 = 333kJ/kg$，经绝热膨胀到 $p_4 = 0.1MPa$。设比热容为定值，试求：

　　1. 循环最高温度；

　　2. 循环的净功量；

　　3. 循环热效率；

　　4. 吸热平均温度和放热平均温度。

6-5 压缩空气制冷循环是否可以与压缩蒸汽制冷循环一样，采用节流阀来代替膨胀机，为什么？

6-6 压缩空气制冷循环采用回热措施后是否提高其理论制冷系数，能否提高其实际制冷系数，为什么？

7 传热基本方式及传热问题的研究方法

传热学是一门研究热量传递规律的科学。热力学第二定律提出：只要有温差存在，热量总是自发从高温物体向低温物体传递。自然界中物体与物体之间、物体本身各部分之间都普遍存在温度差，所以热量传递是一种自然现象。传热学和热力学是从两个不同的角度研究热量问题。热力学着重研究不同形式的能量和热能之间的相互转换的规律，而传热学则是研究热量传递的规律。

热量传递过程的驱动力是温度差（简称温差），用 Δt 表示，其单位为℃或 K。一般而言，温差越大，传递的热量就越多。因此，传热过程与温度分布是紧密联系在一起的。传热量的大小通常用热流量表示，它表示单位时间内通过某一给定面积上的热量。单位面积上通过的热流量称为热流密度，记为 q，单位是 W/m^2。

传热问题大致可分为两类：一类侧重于传热过程热流量的大小及其控制，或者增强传热，或削弱传热。例如在各类热交换器中，为了提高换热效率、减小换热器的体积，使其结构更加紧凑，就必须增强传热，即提高传热过程的热流密度；相反，为了较少窑炉及干燥器表面的散热，较少输气、输油管道的散热损失等就要削弱这方面的传热。因此，掌握传热过程的基本理论与实践知识，提出强化和削弱传热的途径和措施对有效控制窑炉等热工设备的运行、设计和节能都是十分重要的。

7.1　传热学的研究对象及其与热力学的关系

传热学是研究在温差作用下所发生的热量传递过程，是研究热能传递规律的一门学科。它与研究平衡状态下机械能与热能之间相互转换规律的热力学共同构成了热科学的理论基础。热力学第二定律指出，热能总是自发地、不可逆地从高温处传向低温处，即凡是有温差的地方就必定会有热能的传递。在自然界，温差是无处不在的，因此传热是普遍存在的。当然，传热学在所讨论的领域和所研究的目标上与热力学既有密切的联系，又有本质的区别。经典热力学特别注重研究系统的初始状态与最终状态之间热力学参数的变化，而且假设系统与外界之间的热能交换是在无限小的温差下发生的无限缓慢平衡态的过程。显然，热力学不太关心热能交换的内在机理，也不关心热交换过程进行的快慢。但是，这些问题在传热学中显得十分重要，它不仅需要给出热能传递速率的相关定律与规律，而且这些定律和规律的研究与应用还构成了传热学的基础。也就是说，在传热学中仅使用热力学第一定律和第二定律是远远不够的。

7.2　传　热　方　式

根据传热机理的不同，传热有三种基本方式：导热、对流和辐射。

7.2.1 导热

热量从物体中温度较高的部分传递到温度较低的部分，或者从温度较高的物体传递到与之接触的温度较低的另一物体的过程称为导热，其特点是物体各部分之间不发生相对位移，也没有能量形式的转换。

7.2.2 对流

对流传热是指流体各部分之间发生相对移动时所引起的热量传递过程。根据引起流动的原因不同，对流换热可分为自然对流换热和强制对流换热两类。

7.2.3 辐射

辐射传热是一种由电磁波来传递能量的过程。任何物体只要其温度在绝对零度以上，就会以电磁波的形式向外界发射热辐射能。当辐射能投射到另一物体时便会部分或全部地被吸收，又重新变为热能，这种传递能量的方式称为热辐射。

在实际的生产和生活中，上述三种传热基本方式往往不是单独进行的，多数情况下是两种或三种基本传热方式同时存在，而在某种条件下，以某种传热方式为主，称为综合传热。如间壁式换热器内烟气通过器壁对空气传热，在空气侧，器壁向空气的传热以对流传热方式为主，在烟气侧，烟气与器壁的传热以辐射传热为主，两侧壁间的传热为传导传热。

7.3 传热问题的研究方法

传热问题的研究方法大致可分为两类：一类是理论方法，另一类是实验方法。理论方法又分为数学分析法、积分近似法、比拟方法和数值计算方法。

7.3.1 数学分析法

在充分认识与分析传热现象的基础上，借助于合理的假设与简化，建立起简化的数学模型获得相应问题的控制方程与方程组，然后再通过数学工具求解这些方程与方程组。由于控制方程或方程组多属于微分方程或微分方程组，因此这种方法的严格求解可能会受到一定的限制，目前只能处理一些简单的传热问题，例如一维稳态导热、准一维扩展表面的导热、气流纵掠平壁时的层流对流换热等问题。

7.3.2 积分近似法

在处理对流换热问题时，往往会遇到边界层流动问题，于是流体力学中求解速度边界层的许多解法便可借用来处理热边界层的流动问题，例如边界层的动量积分方法等。

7.3.3 比拟方法

考虑到热能传递和动量传递机理上的类似，因此可借助于已获得的动量传递结果分析数学分析法和积分近似解法所无法解决的湍流对流传热问题，例如雷诺比拟、普朗特比拟和卡门比拟等。另外，借助于导热与导电的类似，也可用热阻网络模拟稳态导热过程，用电阻-电容网络模拟非稳态的导热过程。

7.3.4　数值计算方法

将描述传热现象的微分方程组通过选用一定的差分格式在求解域内将其离散化为代数方程组，然后求解代数方程组进而获得传热问题的解。这种解法已构成数值传热学的基本内容。

7.3.5　实验研究法

目前实验仍是进行传热问题研究的主要方法。在相似原理的指导下建立与所研究的传热问题相似的实验台并进行相应的一些实验，得到足够多的实验数据加以整理以获得相应的关联式或关于特征数的实验曲线。另外，在传热学的一些新的研究领域，一些新的测量工具和新的评价方法丰富了原来的传热学的内容。例如在人机与环境工程中，常采用暖体假人作为一种新的测量与评价在非均匀热环境中人体的热舒适性问题，并且发展了多种评价指标。

复习思考与练习题

7-1　根据热力学第二定律，热量总是从高温物体转向低温物体，然而辐射换热时低温物体也向高温物体辐射热量，这是否违反热力学第二定律？

7-2　热水瓶中的热水向环境空间的散热包括哪些传热的基本方式？

7-3　为什么说对流换热表面传热系数不是物性参数？

7-4　在寒冷的北方地区，建房用砖采用实心砖还是多孔的空心砖好，为什么？

7-5　试用传热学观点说明为什么冰箱要定期除霜。

8 导　　热

导热是物体在没有相对位移或物体各部分之间不发生相对位移的条件下，依靠物体分子、原子和自由电子等微观粒子的热运动而产生的热量传递现象。物体内或之间只要有温度差，就会有导热现象。所以导热过程与物体内部温度分布状态有密切的联系。研究导热的主要目的有二：其一是确定物体内的温度分布，其二是计算导热量。

本章内容首先阐述了导热机理和导热的基本定律——傅里叶定律，并根据能量守恒，推导出了导热微分方程（固体）。在此基础上，针对稳态导热中的单层平壁导热、多层平板的稳态导热、无内源复合平板的导热、单层圆筒壁导热、多层圆筒壁导热、形状不规则物体的导热进行求解，以获得这些典型导热物体中的温度分布及导热量。最后简要阐述了非稳态导热的特点和适用范围。

8.1　导　热　机　理

密实固体内部和静止流体中的热量传递都是纯导热在起作用，导热部分参与了在运动流体中的热量传递。从微观角度看，导热是依靠组成物质的微粒的热运动传递热量的。温度较高时有较高的能量。这些微粒和低温部分较低能量的微粒相互作用（碰撞、扩散等）就形成了导热。正是原子和分子的这些运动维持着热传导的进行。可以认为，热传导是由于物质粒子间的相互作用而导致的从高能级粒子向低能级粒子的能量传输。

用热力学中所熟悉的概念来研究一种气体中的热传导，就很容易解释这种传热方式的物理机理。试考察一种内部存在温度梯度，但没有宏观运动的气体，这种气体充满了保持不同温度的两个表面之间的空间。把任一点的温度与该点附近气体分子所具有的能量联系起来，发现分子的能量与分子的随机运动有关，也与分子内部的自旋及振动有关。且温度高的分子所具有的分子能量也大。由于分子之间经常不断地发生碰撞，当邻近的分子相撞时，能量大的分子就必然把能量传递给能量较小的分子。因此，存在温度梯度的情况下，在沿温度降低的方向上必然产生热传导。图 8-1 清楚地表示了这个传热过程。由于分子的随机运动，有些分子将不断地从上方和下方穿过假想的平面 x_0。但由于在 x_0 面以上的分子温度比在 x_0 面以下的分子温度高，所以沿 x 轴正方向上必然有净能量传递。由于热传导与分子的随机运动有关，因此可把这种传热方式称为能量扩散。

在液体中的热传导情况也一样，不过其分子间距离更小、分子的相互作用更强，也更频繁罢了。同样地，固体中的热传导也可以归之于体现为晶格振动形式的分子运动。一种现代观点认为：固体中的能量传递归之于由原子运动引起的晶格运动。非导体完全靠这种晶格波动来传递能量；而在导体中，还存在自由电子迁移引起的能量传递。

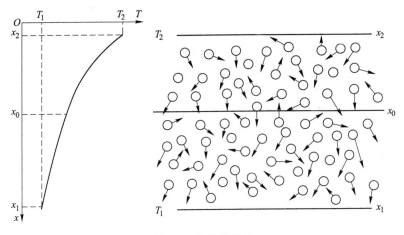

图 8-1　热传导扩散

8.2　导热的基本定律

8.2.1　傅里叶定律

1822 年法国数学物理学家傅里叶提出了导热基本定律——傅里叶定律，即对任一温度场，因导热所形成的势点热流密度（单位为 W/m^2）正比于同时刻该点的温度梯度，其数学形式为：

$$q = -\lambda\,\mathrm{grad}\,T = -\lambda\,\frac{\partial T}{\partial n} \tag{8-1}$$

式中，λ 称为物质的导热系数，负号表示导热的热量传递方向与温度梯度方向相反。

物质导热系数是一个重要的热物理性质参数。若已知物质导热系数，就可以利用式（8-1）根据温度场求出物体内各点的传热量。

傅里叶定律是热传导的基础，其关键点为：它不是可由第一定律导出的一个表达式，而是基于实验结果的归纳，也是定义材料的一个重要物性——热导率的一个表达式。傅里叶定律是一个向量表达式，它指出热流密度是垂直于等温面的，并且是沿温度降低的方向。傅里叶定律适用于所有物质，不管是固体、液体还是气体。

8.2.2　导热系数

根据傅里叶定律，即式（8-1），在某方向上热传导的热导率 λ（单位为 $W/(m \cdot K)$）定义为

$$\lambda = -\frac{q}{\dfrac{\partial T}{\partial n}} \tag{8-2}$$

式中，λ 称为物质的导热系数，它表征物质导热能力的大小，数值上等于每单位温度梯度通过单位面积所传递的热流量。

由式（8-2）可知，对于规定的温度梯度，传导热流密度是随导热系数的增大而增大

的。根据导热的物理机理可知，一般来说，固体的热导率比液体的大，而后者的又比气体的大，固体的导热系数可以比气体的大 4 个数量级以上，这种差异在很大程度上是由这两种状态分子间距的不同所导致的。

各种材料的 λ 随温度的升高而变化的趋势不尽相同。气体的导热系数都随温度升高而增大。这是因为温度增高时，其分子的动能增大，分子之间的碰撞频率增加，故导热系数增大。

除水与甘油外，液体的导热系数一般都随温度升高有所减少。这是因为随着温度的升高，液体的密度会有所下降而产生的。纯金属材料的导热系数多数也是随着温度的升高而有所减少。这是因为当温度升高时，金属中的晶格振动加剧，阻碍了自由电子的运动，从而导致了导热系数的下降。

对于 $\lambda < 0.23\mathrm{W/(m \cdot K)}$ 的材料称为保温（或绝热）材料，如石棉。硅藻土、泡沫等，保温材料导热系数与材料的结构、空隙、密度和湿度等有关。在一定温度范围内，大多数工程材料的导热系数可近似用下式计算，即

$$\lambda = \lambda_0(1 + bT) \tag{8-3}$$

式中，λ_0 为 0℃ 时材料的导热系数；b 为实验常数。

因而在某温度范围内材料的平均导热系数 λ_m 可表示为：

$$\lambda_m = 0.5(\lambda_1 + \lambda_2) = \lambda_0(1 + bT_m) \tag{8-4}$$

式中，$T_m = 0.5(T_1 + T_2)$。

8.3 稳 态 导 热

8.3.1 通过平壁的导热

8.3.1.1 单层平壁导热

设平壁两表面温度各为 t_1、t_2，平壁厚度为 δ（见图 8-2），求热流密度 q 和平板内的温度分布。

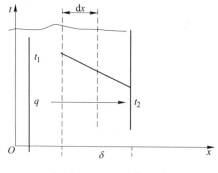

图 8-2 平壁导热模型

运用导热微分方程计算如下：

一维稳态导热：

$$\frac{\mathrm{d}^2 t}{\mathrm{d}x_2} = 0$$

边界条件：
$$x = 0, \quad t = t_1; \qquad x = \delta, \quad t = t_2$$

积分：
$$\frac{\mathrm{d}t}{\mathrm{d}x} = C_1, \qquad t = C_1 x + C_2$$

将边界条件代入得：
$$C_2 = t_1, \qquad C_1 = (t_2 - t_1)/\delta$$

最后得：
$$t = \frac{t_2 - t_1}{\delta}x + t_1 \tag{8-5}$$

$$q = -\lambda \frac{\mathrm{d}t}{\mathrm{d}x} = -\lambda \frac{t_2 - t_1}{\delta} = \lambda \frac{t_1 - t_2}{\delta} = \frac{\lambda \Delta t}{\delta} \tag{8-6}$$

例题 8-1 设有一窑墙，用黏土砖和红砖二层砌成，厚度均为 230mm，窑墙内表面温度为 1200℃，外表面温度为 100℃，红砖允许使用温度为 700℃ 以下，求每平方米窑墙的热损失，并判断红砖在此条件下是否适用？

解： 查表求黏土砖及红砖的导热系数：
$$\lambda_1 = 0.70 + 0.55 \times 10^{-3} t \ \text{W}/(\text{m} \cdot \text{℃})$$
$$\lambda_2 = 0.46 + 0.44 \times 10^{-3} t \ \text{W}/(\text{m} \cdot \text{℃})$$

假设交界面温度为 600℃，则：
$$\lambda_1 = 0.70 + 0.55 \times 10^{-3} \times (1200 + 600)/2 = 1.2 \text{W}/(\text{m} \cdot \text{℃})$$
$$\lambda_2 = 0.46 + 0.44 \times 10^{-3} \times (600 + 100)/2 = 0.61 \text{W}/(\text{m} \cdot \text{℃})$$

$$q = \lambda \frac{t_1 - t_2}{\delta} = \frac{1200 - 100}{\dfrac{0.23}{1.2} + \dfrac{0.23}{0.61}} = 1930 \text{W/m}^2$$

校核交界面温度：
$$t_2 = t_1 - q\frac{\delta_1}{\lambda_1} = 1200 - 1930 \times \frac{0.23}{1.2} = 830℃$$

与假设温度相比较，误差 = (830 - 600)/600 = 38.3% > 5%

故重新假设交界面温度为 830℃，则：
$$\lambda_1 = 0.70 + 0.55 \times 10^{-3} \times (1200 + 830)/2 = 1.26 \text{W}/(\text{m} \cdot \text{℃})$$
$$\lambda_2 = 0.46 + 0.44 \times 10^{-3} \times (830 + 100)/2 = 0.66 \text{W}/(\text{m} \cdot \text{℃})$$

$$q = \lambda \frac{t_1 - t_2}{\delta} = \frac{1200 - 100}{\dfrac{0.23}{1.26} + \dfrac{0.23}{0.66}} = 2080 \text{W/m}^2$$

校核交界面温度：
$$t_2 = t_1 - q\frac{\delta_1}{\lambda_1} = 1200 - 2080 \times \frac{0.23}{1.2} = 820℃$$

与假设温度相比较，误差 = (830 - 820)/820 = 1.2% < 5%

误差小于 5%，故第二次假设正确。由计算结果可知，红砖在此条件下（830℃）不适用。

8.3.1.2 多层复合平壁导热

复合平壁：在它的高度和宽度方向上，由几种材料砌成。

由于不同材料的热阻不同，热流沿垂直于壁面方向上的分布是不均匀的。

应用电热模拟解决复合壁的导热，即：

$$q = \frac{\Delta t}{\sum R}$$

例如，复合平壁导热模型如图 8-3 所示。

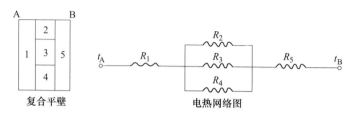

复合平壁　　　　　　　　　　电热网络图

图 8-3　复合平壁导热模型

利用热阻串联和并联原则，可以确定总热阻 $\sum R$，则多层平壁的热流密度 q：

$$q = \frac{t_A - t_B}{\dfrac{\delta_1}{\lambda_1} + \dfrac{1}{\dfrac{\lambda_2}{\delta_2} + \dfrac{\lambda_3}{\delta_3} + \dfrac{\lambda_4}{\delta_4}} + \dfrac{\delta_5}{\lambda_5}} \qquad (8\text{-}7)$$

但应当注意，只有当三种材料的导热系数相差不多时，才能按一维稳定传热方程来求解。

8.3.2　通过圆筒壁的导热

8.3.2.1　单层圆筒壁导热

当圆筒高度远大于直径时，而温度仅沿半径发生变化，这种传热也可以认为是单向稳定导热。圆筒壁导热模型如图 8-4 所示。若圆筒内外直径分别为 r_1、r_2，长度为 L，圆筒壁内外表面温度分别为 t_1、t_2，导热系数 λ 为常数。

在稳定传热的情况下，沿半径方向总传热量 Q 是不变的，但半径 r 增大，热流密度 q 减小。根据傅里叶定律：

$$Q = qF = -\lambda \frac{\mathrm{d}t}{\mathrm{d}r} \cdot 2\pi r L \qquad (8\text{-}8)$$

分离变量：

$$\frac{Q}{2\pi L} \frac{\mathrm{d}r}{r} = -\lambda \mathrm{d}t$$

两边积分化简可得：

$$Q = \frac{t_1 - t_2}{\dfrac{1}{2\pi\lambda L} \ln \dfrac{r_2}{r_1}} \qquad (8\text{-}9)$$

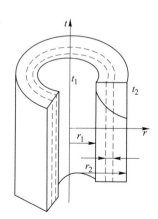

图 8-4　圆筒壁导热模型

单层圆筒壁的导热热阻：

$$R_t = \frac{\ln \dfrac{r_2}{r_1}}{2\pi\lambda L} \tag{8-10}$$

注意：当 $r_2/r_1 \ll 2$，筒壁可看作平壁，厚度为 $r_2 - r_1$，传热半径可按半径的算术平均值计算。

8.3.2.2　多层圆筒壁导热

稳定传热时，通过各层单位长度筒壁的热量相同，即 $q_1 = q_2 = q_3$，采用单层平壁与多层平壁的关系，可得多层圆筒壁的导热公式：

$$Q = \frac{t_1 - t_{n+1}}{\displaystyle\sum_{i=1}^{n} \frac{1}{2\pi\lambda L}\ln\frac{r_{i+1}}{r_i}} \tag{8-11}$$

减少圆筒壁散热量可采取的措施：

(1) 使 r_{i+1}/r_i 增大，即增大壁厚度，故 Q 减少；

(2) 使 λ 降低，即生产中采用保温材料，故 Q 减少；

(3) 使单位产量有效散热面积减小，Q 也会减少，故大型窑热效率比较高。

例题 8-2　蒸汽管道内径、外径各为 0.16m、0.17m，外包两层绝缘材料，第一层厚度 0.03m，第二层厚度 0.05m，管壁及两层绝缘材料的平均导热系数各等于 $\lambda_1 = 81.5\,\text{W/(m·℃)}$，$\lambda_2 = 0.174\,\text{W/(m·℃)}$，$\lambda_3 = 0.093\,\text{W/(m·℃)}$，管道内表面温度为 $t_1 = 300℃$，第二层绝缘材料外表面温度 $t_4 = 50℃$，试求每米长蒸汽管道的热损失和各层交界面温度 t_2、t_3？

解：已知：$d_1 = 0.16\text{m}$，$d_2 = 0.17\text{m}$，$d_3 = 0.17 + 0.06 = 0.23\text{m}$，$d_4 = 0.23 + 0.1 = 0.33\text{m}$

$$\ln\frac{d_2}{d_1} = \ln\frac{0.17}{0.16} = 0.06, \quad \ln\frac{d_3}{d_2} = \ln\frac{0.23}{0.17} = 0.302, \quad \ln\frac{d_4}{d_3} = \ln\frac{0.33}{0.23} = 0.362$$

$$Q = \frac{t_1 - t_{n+1}}{\displaystyle\sum_{i=1}^{n} \frac{1}{2\pi\lambda L}\ln\frac{r_{i+1}}{r_i}} = \frac{2 \times 3.14 \times (300 - 50)}{\dfrac{0.06}{81.5} + \dfrac{0.302}{0.174} + \dfrac{0.362}{0.093}} = 278.92\,\text{W/m}$$

交界面温度：

$$t_2 = t_1 - \frac{Q}{2\pi}\left(\frac{1}{\lambda_1}\ln\frac{d_2}{d_1}\right) = 300 - \frac{278.92}{2 \times 3.14} \times \left(\frac{1}{81.5} \times 0.06\right) = 299.9℃$$

$$t_3 = t_1 - \frac{Q}{2\pi}\left(\frac{1}{\lambda_1}\ln\frac{d_2}{d_1} + \frac{1}{\lambda_2}\ln\frac{d_3}{d_2}\right) = 300 - \frac{278.92}{2 \times 3.14} \times \left(\frac{1}{81.5} \times 0.06 + \frac{1}{0.174} \times 0.302\right)$$
$$= 222.9℃$$

8.3.3　形状不规则物体的导热

对于一些形状不规则，但形状近似接近于平壁、圆筒壁的物体。其导热可按下式计算：

$$Q = \frac{\lambda}{\delta} \cdot F_x(t_1 - t_2) \tag{8-12}$$

（1）两侧面积不等的平壁或 $F_2/F_1 \leq 2$ 的圆筒壁，其传热面积

$$F_x = \frac{F_1 + F_2}{2} \tag{8-13}$$

（2）形状接近于圆筒壁的物体，其传热面积

$$F_x = \frac{F_2 - F_1}{\ln \dfrac{F_2}{F_1}} \tag{8-14}$$

（3）长、宽、高三个方向上尺寸相差不大的中空物体，其传热面积

$$F_x = \sqrt{F_1 \times F_2} \tag{8-15}$$

对于表面温度不均匀且表面温度相差不大时，应计算表面平均温度。具体方法是将表面分成 n 块小面积，测量出每块面积上的温度后，按照下式计算平均温度：

$$t_{av} = \frac{t_1 F_1 + t_2 F_2 + \cdots + t_n F_n}{F_1 + F_2 + \cdots + F_n} \tag{8-16}$$

复习思考与练习题

8-1 试写出傅里叶定律的一般表达式，说明其适用条件及式中各符号的物理意义。

8-2 试解释导热系数、传热系数和热阻。

8-3 平壁导热和圆筒壁导热的特点是什么？

8-4 圆筒壁导热的热阻如何计算？热流量 Q 如何计算？

8-5 某平壁燃烧炉炉壁由一层耐火砖与一层普通砖砌筑成，两层的厚度均为 100mm，其导热系数分别为 0.9W/(m·K) 及 0.7W/(m·K)。待操作稳定后，测得炉壁的内表面温度为 700℃，外表面温度为 130℃。为减小燃烧炉的热损失，在普通砖的外表面增加一层厚度为 40mm，导热系数为 0.6W/(m·K) 的保温材料。操作稳定后，又测得炉内表面温度为 740℃，外表面温度为 90℃。设两层材料的导热系数不变，试计算加保温层后炉壁的热损失比原来减少的百分比。

8-6 有一座玻璃池窑的胸墙（硅砖砌筑），内外表面的平均温度分别为 1400℃和 350℃，厚度为 550mm，面积为 10m² 。求通过胸墙的热损失为多少？

8-7 为了测得石棉板的热导率，选定一厚度为 25mm 的石棉板作试件，试件两表面温度分别为 180℃和 30℃，测得通过试件的热流密度为 10.6W/m² ，求石棉板的热导率。

$\boldsymbol{9}$ 对 流 换 热

在自然界普遍存在着对流换热现象，它比导热现象更为复杂。对流换热是发生在运动流体和与之接触的固体表面之间的热交换过程。这种换热过程既具有流体分子间的微观导热作用，又具有流体宏观位移的热对流作用，所以对流换热过程必然受到导热和流体流动规律的双重影响。

本章内容首先介绍了对流换热的概述，包括对流传热与对流换热定义、对流换热机理、边界层等。接着介绍影响对流换热的因素，并引出对流换热的基本定律（牛顿冷却定律），探讨对流换热系数的确定。最后阐述对流换热的计算、应用及强化对流换热的因素。

9.1　对流换热概述

9.1.1　对流传热与对流换热

对流传热定义：在流体内部依靠流体质点的宏观位移，把热量从高温处向低温处传递的过程称为对流传热。

对流换热定义：流体和固体壁面直接接触时彼此之间的换热过程称为对流换热。它既包括流体位移时所产生的对流，又包括流体分子间的导热作用，因此，对流换热是导热和对流共同作用的结果。对流换热的特点是具有温差存在，而且与固体表面直接接触而在实际生产中遇到的多是对流换热问题。

9.1.2　对流换热机理

对流换热模式由两种机制组成。除了由随机的分子运动导致的能量传输外，流体的整体或宏观运动也传输能量。这种流体运动在任何时刻都有聚集在一起的分子在运动。当存在温度梯度时，这种运动就会对传热起作用。由于聚集的大量分子保持着随机运动，因此总的传热是分子随机运动与流体整体运动所导致的能量传输的叠加。在工程上，最常出现的是运动的流体与固体界面处于不同温度时它们之间发生的传热。在流体与固体表面的交界面处，流体的速度为零，分子的随机运动起着主要作用，即通过导热进行传热。最后，由固体表面贴壁处的流体通过流体流动传热给其附近（边界层内）的流体，随着边界层厚度的增加，最终传给边界层外的流体。

9.1.3　边界层

对流换热的机理与边界层有着极其密切的联系。根据普朗特于 1904 年提出的边界层理论，流体沿着壁面的流动可分为两个区域：一个是紧靠壁面的区域，称为边界层，在边界层内流体的内摩擦不容忽视；另一个区域是边界层以外的主流区域，在该区域，内摩擦力可以忽略不计。引入边界层的原因是对流换热热阻的大小主要取决于靠近壁面附近流体的状况，因为这里速度和温度变化最为剧烈。

流体在流动时，紧靠固体壁面处总存在一层作层流运动的边界层称层流底层，层流底层中的流体质点只作平行于壁面的流动，而没有横向的相对位移，因此热量通过层流底层时，只能以传导的方式来进行热量传递。即高温壁面的热量首先以传导的方式通过层流底层，然后传入层流底层外的紊流主流区，热量在紊流主流区内就以对流的方式进行传递，这是一个依次发生的串联过程，它包括层流底层区的导热和紊流主流区的对流。

对稳定传热而言，以传导方式传递的热量，必等于以对流方式传递的热量。而传热的总热阻也必等于层流底层热阻（δ/λ，δ 为层流底层厚度）和空气对流热阻之和。由于空气的导热系数 λ 很小，因此层流底层的热阻很大。高温壁与低温空气接触时，温度降在层流底层也最大，如图 9-1 所示。由此可见，层流底层的热阻是决定对流换热量大小的主要因素。由于层流底层的热阻为 δ/λ，因此其热阻与层流底层的厚度 δ 成正比，而层流底层的厚度又与流体的流速 u 等有关。流速增加，紊流程度加强，能使层流底层变薄，对流加强热阻减小，否则相反。由此说明了对流换热与流体流动状况密切相关。

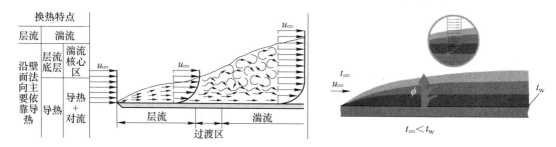

图 9-1　流体沿平板流动时边界层的发展和速度、温度分布

边界层包括流动边界层和温度边界层。而流动边界层指壁面附近流体速度急剧变化的薄层，温度边界层指壁面附近流体温度急剧变化的薄层。工程上存在很多实际问题既存在速度边界层，也存在热边界层。流动中的速度变化及几乎全部的传热基本都发生在边界层内。因此理解边界层的概念对求解流动传热问题非常重要。

9.2　影响对流换热的因素

对流换热是一个很复杂的过程，影响对流换热的因素有很多，主要有以下几个方面。

9.2.1　流体的流动状态

流体的流动状态主要分为层流和紊流等。

层流：热量的传递主要依靠传导，由于空气的导热系数 λ 很小，因此层流底层的热阻很大。

紊流：热量的传递除传导外，还同时有紊流扰动的对流传热，此时的换热强度主要取决于边界层中的热阻，因为这部分的热阻和紊流部分的热阻相比要重要得多。

9.2.2　流体流动的动力

流体的运动分为自然流动和强制流动两大类。

自然流动：凡是由于流体内部因温度不同造成密度不同而引起的流动，称为自然流动或自然对流。

强制流动：凡是受外力影响，如泵、鼓风机的作用所发生的运动称为强制对流。

应当指出，流体作强制流动时，也会同时发生自然流动，流体内各部分间温度差越大，以及强制流动速度越小，则自然流动的相对影响也越大。但当强制流动相当强烈时，附加的自然流动影响就很小，常可略去不计。

9.2.3　流体的物理性质

流体的物理性质对对流换热有很大的影响，影响对流换热的物理性质有：

（1）比热容（c）：比热大的流体，单位体积能携带更多的热量，对流转移热量的能力也大。

（2）密度（ρ）：密度大的流体，单位体积能携带更多的热量，对流转移热量的能力也大，如常温下水的密度比空气的密度大很多，造成它们对流换热系数的巨大差别。

（3）导热系数（λ）：导热系数较大的流体，层流底层的热阻较小，换热就强。以水和空气为例，水的导热系数是空气的 20 多倍，这也是水的对流换热系数远比空气大的主要原因之一。

（4）黏度（μ）：黏度大的流体，流动时黏性剪应力大，边界层增厚，换热系数将减小。除了由于流体种类不同而黏度不同外，还要注意温度对黏度的影响。液体的黏度随温度增高而降低，气体的黏度则随温度的增高而加大，都会影响对流换热系数的大小。

9.2.4　换热面的形状和位置

换热面的形状和位置对于换热过程的影响也很大，即便是一些最简单形状的换热面，例如平板，也因平放、竖放或斜放而影响对流换热过程的强弱。换热面的形状、大小、表面粗糙度等均能影响对流换热系数的大小。

9.3　对流换热的基本定律（牛顿冷却定律）

对流换热过程中热流量的计算目前仍采用牛顿于 1702 年提出的牛顿冷却公式，即：

$$q = \alpha \Delta t \tag{9-1}$$

式中，q 为沿壁面法向的热流密度，$\mathrm{W/m^2}$；Δt 为壁面温度与边界层外流体温度的差值，$\mathrm{\mathbb{C}}$；α 为表面传热系数，$\mathrm{W/(m^2 \cdot \mathbb{C})}$。

如果流体接触的壁面面积为 F（单位为 $\mathrm{m^2}$），那么整个壁面与流体之间的对流换热量 Q（单位为 W）为

$$Q = \alpha F \Delta t \tag{9-2}$$

式（9-2）也可写成与电路中欧姆定律相似的形式，那么整个壁面与流体之间的对流换热量为

$$Q = \frac{\Delta t}{\frac{1}{\alpha F}} \tag{9-3}$$

式中，$1/(\alpha F)$ 为对流换热热阻，℃/W。

牛顿冷却定律只是给出了对流换热表面传热系数 α 的一个定义式，它没有揭示出表面传热系数与影响它的有关物理量之间的内在联系。因此揭示表面传热系数与影响它的有关物理量之间的内在联系是研究对流传热的主要课题之一。

9.4   对流换热系数的确定

研究表明，对流换热系数是流体的流速、流体的物理性质，以及传热表面的形状、尺寸等的函数。因此，对流换热系数 α 可写成如下的复杂函数关系：

$$\alpha = f(u, \lambda, \mu, \rho, c, l, \varnothing) \tag{9-4}$$

式中，u 为流体流速；λ，μ，ρ 和 c 分别为流体的导热系数、动力黏度、密度和比热容；l，$\varnothing$ 分别为壁面的几何尺寸和几何形状因素。

根据相似原理对流传热准数方程：

$$Nu = f(Re, Pr, Gr) \tag{9-5}$$

或

$$Nu = kRe^{e}Pr^{f}Gr^{i} \tag{9-6}$$

式中，k、e、f、i 为常数，有实验确定。努塞尔特准数 $Nu = \alpha l/\lambda$，反映换热强度与流体边界层温度场的关系；雷诺准数 $Re = l\rho u/\mu = du/\nu$（对于圆管 l 多取其管径 d，ν 为运动黏度），反映流体惯性力与黏性力的相对关系；普朗特准数 $Pr = \mu c_p/\lambda$，反映流体的物性参数对对流传热的影响；格拉晓夫准数 $Gr = \beta g \Delta t l^3/\nu^2$，反映流体温度差不同引起的浮升力与黏性力的相对关系。上述各准数中的 l 均指定性尺寸，对于圆管多取其管径 d 为定性尺寸，对于非圆形通道则采用当量直径 d_e 为定性尺寸。

利用准数方程（9-6）求出努塞尔特准数 Nu，就可根据努塞尔特准数 Nu 表达式，计算对流换热系数：

$$\alpha = Nu \cdot \lambda/l \tag{9-7}$$

9.5   对流换热量的计算及应用

工程上涉及最多的是流体在管内外流动时的换热问题。本节将着重介绍单相介质在管道内强迫对流换热的计算、流体外掠圆管及管束的对流换热计算以及大空间的自然对流换热计算的常用准则方程。

9.5.1 强制对流换热

（1）流体在圆管内紊流流动：

$$Nu = 0.023Re_f^{0.8} \cdot Pr_f^{n} \tag{9-8}$$

式中，准数的下角标 f 表示选用流体平均温度 t_f 作为定性温度，取管内径为定性尺寸。需要注意适用范围。加热流体时，$n = 0.4$，冷却流体时，$n = 0.3$。

（2）强制对流换热简化公式。流体在管内强制流动时，还可用下列简化公式计算（α 单位为 $W/(m^2 \cdot \text{℃})$）：

$$\alpha = A_n \frac{u_0^{0.8}}{d^{0.2}} \tag{9-9}$$

式中，u_0 为流体在管道内的流速，m/s；d 为管道内径或当量直径，m；A_n 为因流体种类而异的系数。

（3）流体掠过平板紊流流动：

$$Nu_m = (0.037 Re_m^{0.8} - 850) Pr_m^{\frac{1}{3}} \tag{9-10}$$

该式的适用条件是：$5 \times 10^5 < Re < 10^7$；$Pr = 0.5 \sim 50$。

定性温度取边界层平均温度；定性尺寸取板长。

（4）流体掠过平板层流流动：

$$Nu_m = 0.664 Re_m^{\frac{1}{2}} Pr_m^{\frac{1}{3}} \tag{9-11}$$

该式的适用条件是：$Re < 5 \times 10^5$；$Pr > 1$。

定性温度为边界层平均温度；定性尺寸取板长。

（5）流体外掠单管：

$$Nu_f = c Re_f^n Pr_f^{\frac{1}{3}} \tag{9-12}$$

式中，c，n 均为实验常数，其值随 Re 变化。

定性温度为流体温度；定性尺寸为单管外径。

例题 9-1 空气以 $10m/s$ 的速度在一直径为 $40mm$ 的直管中流动而被加热，直管长度为 $2.5m$，已知空气平均温度为 $40℃$，求管壁与空气间的对流换热系数。

解： $t_f = 40℃$，查附录 3 得空气的物性参数为运动黏度。

查表得：运动黏度 $\nu = 16.96 \times 10^{-6} m^2/s$，$\lambda = 2.76 \times 10^{-2} W/(m \cdot ℃)$，$Pr_f = 0.699$。

对于圆管，$Re = l\rho u/\mu = du/\nu = \dfrac{0.04 \times 10}{16.96 \times 10^{-6}} = 23585 > 10^4$，并且被气体加热的情况，$n = 0.4$，故：

$$Nu = 0.023 Re_f^{0.8} \cdot Pr_f^{0.4} = 0.023 \times 23585^{0.8} \times 0.699^{0.4} = 62.75$$

利用公式，

$$\alpha = Nu \cdot \lambda/l = Nu \cdot \lambda/d = \frac{62.75 \times 2.76 \times 10^{-2}}{0.04} = 43.30 W/(m^2 \cdot ℃)$$

其中，$l/d = 2.5/0.04 = 62.5 > 50$，结果无须校正。

9.5.2 自然对流换热

（1）自然对流换热概念。由于流体温度差造成密度差所引起的流体流动，称为自由流动或自然对流，产生的传热现象称自然对流换热，如窑炉的墙壁、顶及各种管道向大气的散热等，都属自然对流传热。

（2）自然对流的准数方程：

$$Nu = c(Gr \cdot Pr)^n \tag{9-13}$$

式中，c 和 n 的值由实验确定。

（3）窑炉自然对流计算。

在窑炉内部，自然对流一般不是传热的主要因素，但在窑墙向外散热时，空气的自然对流就是主要因素了。常用的经验公式（α 单位为 $W/(m^2 \cdot \text{℃})$）如下：

$$\alpha = K(t_w - t_a)^{0.25} \tag{9-14}$$

式中，K 为系数；在垂直壁面上 $K = 2.56$；在水平壁面上、给热面向上 $K = 3.26$；在水平壁面上、给热面向下 $K = 1.63$。在计算窑墙向外散热时，还必须考虑窑墙向外辐射传热部分。

例题 9-2　有一根水平安置的水蒸气管道，保温层外径 $d = 583mm$，外壁温度 $t_w = 48℃$，周围空气温度 $t_a = 23℃$，求每米管道自然对流的散热量。

解：计算定性温度 $t_m = (t_w + t_a)/2 = (48 + 23)/2 = 35.5℃$。

查附录 3 得：运动黏度 $\nu = 16.55 \times 10^{-6} m^2/s$，$Pr = 0.70$，

$$\beta = \frac{1}{273 + t_m} = \frac{1}{273 + 35.5} = \frac{1}{308.5}℃^{-1}, \Delta t = t_w - t_a = 48 - 23 = 25℃。$$

判断流态：

$$Gr \cdot Pr = \frac{g\beta\Delta t l^3}{\nu}Pr = \frac{9.8 \times \dfrac{1}{308.5} \times 25 \times 0.583^3}{16.55 \times 10^{-6}} \times 0.70 = 4.09 \times 10^8 < 10^9$$

属于层流状态。利用公式，

$$\alpha = 1.34(\Delta t/d)^{0.25} = 1.34 \times (25/0.583)^{0.2} = 3.46 W/(m^2 \cdot ℃)$$

因此，每米管道上的对流换热量为：

$$\alpha = \alpha(t_w - t_a)F = 3.46 \times (48 - 23) \times 3.14 \times 0.583 = 159 W/m$$

9.5.3　强化对流换热的因素分析

从对流传热的计算公式中可以看出，影响对流换热的因素主要有 3 个方面：

（1）壁面与流体之间的温度差。壁面与流体的温度差越大，对流换热量也越大。

（2）对流传热系数。在对流换热时，流速对于对流传热有较大影响，要加强对流传热，提高流体的流速，是一个重要措施。

（3）传热面积 F。增加流体与固体的接触面积均可增加对流传热量。

> **复习思考与练习题**

9-1　什么是对流换热，对流换热过程与哪些因素有关？

9-2　分别写出努塞尔数 Nu、雷诺数 Re、普朗特数 Pr、格拉晓夫准数 Gr 的表达式，并说明它们的物理意义。

9-3　准数的物理意义是什么，为何对流换热系数计算公式一般表示成准数关系式，与参数关系式有何区别？

9-4　对流换热问题完整的数学描述应该包括哪些内容，建立对流换热问题的数学描述有什么意义？

9-5　温度为 27℃ 空气沿表面温度为 14℃、高为 2.8m 的竖壁冷却，计算对流传热系数及热流密度。

9-6　水流过一直圆管，从 25.3℃ 被加热到 34.7℃，已知管长度为 5m，管内直径为 20mm，管壁面温度恒定，水在管内的平均流速为 2m/s。试求水与圆管壁面的对流换热系数。已知水 30℃ 的物性参数为：$\nu = 0.805 \times 10^{-4} m^2/s$，$\lambda = 0.618 W/(m \cdot K)$，$Pr = 5.42$。

10 辐射换热与综合传热

前几章介绍了导热和对流换热这两种热量传递的方式，它们的共同特点是两种热量传递方式都与物体内的温度梯度有关，而且都必须保证换热物体之间的直接接触。从机理上来讲，导热和对流都是由于物体的宏观运动和微观粒子的热运动所引起的热能传递现象，这与辐射换热很不相同。热辐射是热量传递的基本方式之一，以热辐射方式进行的热量交换称为辐射换热。

本章内容首先介绍热辐射的物理基础，包括热辐射的基本概念、特点，热辐射的基本定律等。随后介绍黑体、灰体和实际物体的热辐射。接着讨论表面之间辐射换热的具体计算方法。最后探讨综合传热及其计算。

10.1 辐射传热的基本概念与特点

10.1.1 辐射传热的本质

物体以电磁波的方式向外传递能量的过程称为辐射，被传递的能量称为辐射能。电磁波类型包括无线电波、红外线、可见光、紫外线、X 射线和 γ 射线等。

热辐射：热辐射的电磁波是由于物体内部电子振动在运动状态改变时所激发出来的。物体的温度是内部电子激动的根本原因，由此而产生的辐射能也就取决于温度—热辐射。

热射线：能被物体吸收并转变成热能的这部分电磁波。即波长为 $0.4 \sim 1000\mu\mathrm{m}$ 的可见光和红外线。

辐射传热是指物体之间相互辐射和吸收热过程的总效果。最终物体是放热或吸热，要取决于在同一时间内所放射和吸收辐射能之差。温度不同，这种差就不会为零。温度为零时，处于动态平衡。

10.1.2 辐射传热的特点

（1）热辐射不仅进行能量的转移，而且还伴随能量的转化。即热能→辐射能→热能。

（2）辐射能不仅从温度高的物体向低温物体辐射，同时低温物体也向高温物体辐射，但最终结果仍是低温物体比高温物体得到的热量多。

（3）热射线的传播具有与光同样特性，不需要固体、液体或气体作为传播介质，在真空中也能传播。

10.1.3 吸收、反射和透过

如图 10-1 所示，假设投射到物体上的辐射能为 Q。其中 Q_A 部分被物体吸收，另一部分 Q_R 被物体表面反射，其余部分 Q_D 透过物体。

根据物体表面上的热平衡：

$$Q_A + Q_R + Q_D = Q \qquad (10-1)$$

$$\frac{Q_A}{Q} + \frac{Q_R}{Q} + \frac{Q_D}{Q} = 1 \qquad (10-2)$$

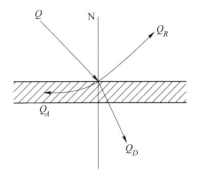

式（10-2）中相加的三项分别定义为：

吸收率　　　　　$A = \dfrac{Q_A}{Q}$　　　　　$(10-3)$

反射率　　　　　$R = \dfrac{Q_R}{Q}$　　　　　$(10-4)$

透过率　　　　　$D = \dfrac{Q_D}{Q}$　　　　　$(10-5)$

图 10-1　物体对热辐射的吸收、
反射和透射示意图

则式（10-2）变为：

$$A + R + D = 1 \qquad\qquad (10-6)$$

讨论：

（1）如果投射到物体上的辐射能全部被吸收，此时 $A=1$，$R=D=0$，该物体叫绝对黑体（简称黑体）。黑体是一种理想化的物体表面，它具有如下性质：

1）黑体的吸收比为1，它将全部吸收来自任何方向、具有任意波长的投射辐射，既不反射，也不透过。

2）黑体是漫反射表面，即黑体的定向辐射强度与方向无关。

3）在给定的温度下，黑体的辐射力是所有物体中最大的。

（2）如果投射到物体上的辐射能全部被反射，此时 $R=1$，$A=D=0$，该物体叫绝对白体（漫反射时，简称白体）或绝对镜体（镜面反射时，简称镜体）。

（3）如果投射到物体上的辐射能全部被透过，此时 $D=1$，$A=R=0$，该物体叫绝对透热体（简称透热体）。

工程上：对于固、液体　　　　　$A + R = 1$

　　　　　对于气体　　　　　　$A + D = 1$

10.2　辐射传热的基本定律

10.2.1　普朗克黑辐射定律

10.2.1.1　辐射力和辐射强度

（1）辐射力：物体每单位表面积，在单体时间内向半球空间辐射出去的波长为 $0 \sim \infty$ 范围内的总能量。用符号"E"表示，单体为 W/m^2。黑体用符号"E_0"表示。

（2）辐射强度（单色辐射强度）：物体每单位表面积，在单体时间内向半球空间辐射出去的波长从 $\lambda \sim d\lambda$ 范围内的辐射力为 dE，则与波长间隔 $d\lambda$ 的比值。用符号"E_λ"表示。即：

$$E_\lambda = \frac{dE}{d\lambda} \qquad\qquad (10-7)$$

则：　　　　　　　　　　　　　　　$dE = E_\lambda d\lambda$

$$E = \int_0^\infty E_\lambda \mathrm{d}\lambda \qquad (10\text{-}8)$$

黑体：
$$E_0 = \int_0^\infty E_{\lambda,0} \mathrm{d}\lambda \qquad (10\text{-}9)$$

10.2.1.2　普朗克定律

马克斯·普朗克于 1900 年建立了黑体辐射定律的公式，并于 1901 年发表。其目的是改进由威廉·维恩提出的维恩近似。维恩近似在短波范围内和实验数据相当符合，但在长波范围内偏差较大；而瑞利-金斯公式则正好相反。普朗克得到的公式则在全波段范围内都和实验结果符合得相当好。在推导过程中，普朗克考虑将电磁场的能量按照物质中带电振子的不同振动模式分布。得到普朗克公式的前提假设是这些振子的能量只能取某些基本能量单位的整数倍，这些基本能量单位只与电磁波的频率有关，并且和频率成正比。

尽管普朗克给出了量子化的电磁波能量表达式，普朗克并没有将电磁波量子化，这在他 1901 年的论文及这篇论文对他早先文献的引用中就可以看到。他还在他的著作《热辐射理论》（Theory of Heat Radiation）中平淡无奇地解释说量子化公式中的普朗克常数（现代量子力学中的基本常数）只是一个适用于赫兹振荡器的普通常数。真正从理论上提出光量子的第一人是于 1905 年成功解释光电效应的爱因斯坦，他假设电磁波本身就带有量子化的能量，携带这些量子化的能量的最小单位叫光量子。1924 年萨特延德拉·纳特·玻色发展了光子的统计力学，从而在理论上推导了普朗克定律的表达式（黑体的单色辐射力与波长和绝对温度之间的关系）：

$$E_{\lambda,0} = \frac{C_1 \lambda^{-5}}{\mathrm{e}^{\frac{C_2}{\lambda T}} - 1} \qquad (10\text{-}10)$$

式中，$E_{\lambda,0}$ 为黑体的单色辐射力，W/m^3；λ 为波长，m；T 为辐射物体的绝对温度，K；$C_1 = 3.743 \times 10^{-16}$，$W \cdot m^2$；$C_2 = 1.4387 \times 10^{-2}$，$m \cdot K$；$e = 2.718$。

物理意义：揭示各种不同温度下的黑体单色辐射力按其波长的分布规律。

普朗克定律所揭示的关系可用图 10-2 来表示。从图 10-2 可以看出：

（1）某一波长的单色辐射力随温度升高而增大。

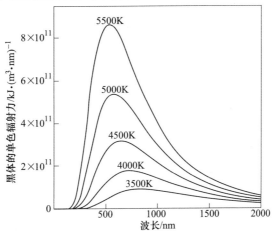

图 10-2　不同温度下的黑体单色辐射力与其波长的关系图

（2）在某一温度下，其辐射力随波长而变化。$\lambda = 0$，$E_{\lambda,0} = 0$，λ 增大，$E_{\lambda,0}$ 增大；达到最高值后，λ 再增大，$E_{\lambda,0}$ 降低。

（3）温度越高，最大辐射强度的波长越短。

（4）温度在 2000K 以下，辐射波长大部分在 $0.76 \sim 10\mu m$ 的范围内，可见光比例相当小，可以忽略。但随温度升高，可见光比例在不断增加，亮度逐渐增加。

工业上常根据物体加热后出现的颜色变化来近似地判断其加热温度。

10.2.2　维恩位移定律

普朗克定律揭示了黑体的光谱辐射力存在峰值，把不同温度下的峰值点连接起来的那条线满足如下关系式

$$\lambda_{\max} T = 2897 \tag{10-11}$$

这就是维恩位移定律，它是维恩借助于热力学原理导出的，其表明温度越高，最大单色辐射力的波长 $\lambda_{\max}$ 越短。可应用维恩位移定律推算出一些难以测定的物体温度。

10.2.3　斯特藩-玻耳兹曼定律

黑体的辐射力与温度的关系由斯特藩-玻耳兹曼定律确定，即黑体的辐射力：

$$E_0 = C_0 \left(\frac{T}{100} \right)^4 \tag{10-12}$$

式中，E_0 为黑体的辐射力，W/m^2；C_0 为黑体辐射系数，$C_0 = 5.67 W/(m^2 \cdot K^4)$；$T$ 为黑体的绝对温度，K。

斯特藩-玻耳兹曼定律不仅说明黑体的辐射力与其热力学温度的四次方成比例，所以又称为四次方定律，它是整个辐射传热的基础。斯特藩-玻耳兹曼定律不仅指出了只要黑体的温度大于零便有辐射力，而且也表明了物体在高温与在低温两种情况下，其辐射力有显著的差别。

例题 10-1　把一黑体表面置于室温为 27℃ 的房间中，问在热平衡条件下黑体表面的辐射力是多少？若将黑体加热到 627℃，其辐射力又是多少？

解：在热平衡条件下黑体温度与室温相同，此时其辐射力为

$$E_{01} = C_0 \left(\frac{T_1}{100} \right)^4 = 5.67 \times \left(\frac{27 + 273}{100} \right)^4 = 459 W/m^2$$

在温度 $T_2 = 627℃$ 时，其辐射力为

$$E_{02} = C_0 \left(\frac{T_2}{100} \right)^4 = 5.67 \times \left(\frac{627 + 273}{100} \right)^4 = 37200 W/m^2$$

可见，随着温度的升高，黑体的辐射力急剧增大。本题中绝对温度只是原来的 3 倍，而辐射力却增加到原来的 81 倍。

10.2.4　实际物体的辐射特性与基尔霍夫热辐射定律

10.2.4.1　黑度与灰体

单色黑度（又称为单色辐射率）ε_λ：同温度下，实际物体在某波长射线的辐射强度 E_λ 与黑体的单色辐射力 $E_{\lambda,0}$ 的比值。即：

$$\varepsilon_\lambda = \frac{E_\lambda}{E_{\lambda,0}} \tag{10-13}$$

理想灰体（简称灰体）：物体的辐射光谱连续，在任何温度任何波长下的单色黑度是一常数。

黑度 ε：实际物体的辐射力与同温度下黑体的辐射力的比值。即：

$$\varepsilon = \frac{E}{E_0} \tag{10-14}$$

ε 表示物体的辐射力接近于黑体的程度，其值介于 0~1 之间。

10.2.4.2 单色吸收率

物体对某种波长辐射能的吸收率称为单色吸收率，用 A_λ 表示。

灰体：对各种波长的辐射能表现出同样的吸收率，即单色吸收率不随波长变化而变。

黑体的 A_λ 不随波长变化而变化，且等于 1；灰体 A_λ 也不随波长变化而变化，且小于 1；实际物体的 A_λ 随波长变化而变化，但在波长大于 1 的热射线范围，A_λ 随波长变化很小，可看作为常数。工业上的热辐射主要波长位于红外线范围，因而大多数物体近似可看成灰体，不会引起太大误差。

10.2.4.3 基尔霍夫热辐射定律

设有两个面积很大、相距很近、可忽略边界影响的平行平面 F_0 及 F_1，如图 10-3 所示。

两平面温度相同，中空，F_0 为黑体表面，其吸收率 $A = 1$；F_1 为任意物体或灰体表面，吸收率为 A_1，黑度为 ε_1。

据 F_1 面的热平衡：

$$E_1 - A_1 E_0 = 0$$

$$\frac{E_1}{A_1} = E_0 \tag{10-15}$$

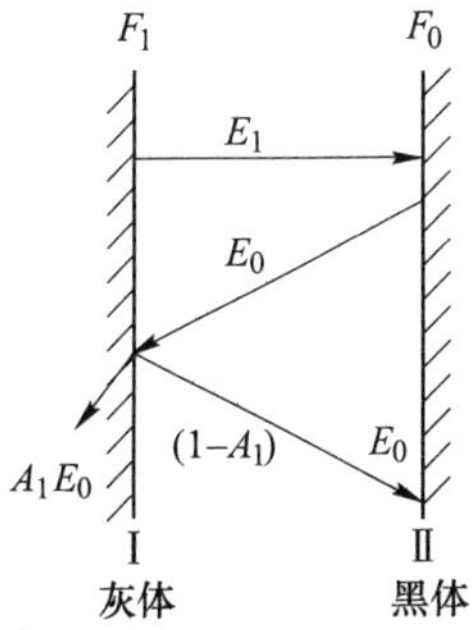

推广到任意物体则有：

$$\frac{E_1}{A_1} = \frac{E_2}{A_2} = \frac{E_3}{A_3} = \cdots = E_0 \tag{10-16}$$

图 10-3 基尔霍夫热辐射定律示意图

将式（10-13）与式（10-15）比较可以得到下面的关系：

$$\varepsilon = A \tag{10-17}$$

式（10-15）与式（10-16）同为基尔霍夫热辐射定律的表达式。它表明由实际物体与黑体构成的辐射系统在热平衡条件下实际物体的吸收率等于黑度。

基尔霍夫热辐射定律物理意义：任何物体的辐射力与其吸收率之间的比值，恒等于同温度下黑体的辐射力，并且只和温度有关，与物体的性质无关。同时也说明，善于吸收的物体也善于辐射。

10.3 辐射换热计算

研究热辐射的目的之一，就是要计算物体间的辐射换热量。由前面的讨论可知，影响辐射换热量的因素是很多的，诸如换热物体各自的温度、辐射波长与方向、吸收率、形状与尺寸、材料的纯度、表面状况及相互位置等。有些因素除自身无法准确测定外，它们对辐射性质的影响也无法准确地确定。因此，实际工程计算中往往采用了某些简化和假设。

10.3.1　常见封闭体系的辐射传热

（1）两个物体均为无限大的平行平面时，因为角系数 $\psi_{12}=\psi_{21}=1$，而且 $F_1=F_2$，则：

$$\varepsilon_{12} = \frac{1}{\dfrac{1}{\varepsilon_1} + \dfrac{1}{\varepsilon_2} - 1} \tag{10-18}$$

$$q_{net,12} = \frac{Q_{net,12}}{F} = \frac{C_0}{\dfrac{1}{\varepsilon_1} + \dfrac{1}{\varepsilon_2} - 1}\left[\left(\frac{T_1}{100}\right)^4 - \left(\frac{T_2}{100}\right)^4\right] \tag{10-19}$$

如果两平行平面中，$\varepsilon_1 \gg \varepsilon_2$（或 $\varepsilon_2 \gg \varepsilon_1$）时，则 $\varepsilon_{12} = \varepsilon_2$（或 $\varepsilon_{12} = \varepsilon_1$）。

（2）当两个物体中有一个为凸面（或平面）时，因为 $\psi_{12}=1$，$\psi_{21}=F_1/F_2$，故：

$$\varepsilon_{12} = \frac{1}{\dfrac{1}{\varepsilon_1} + \dfrac{F_1}{F_2}\left(\dfrac{1}{\varepsilon_2} - 1\right)} \tag{10-20}$$

$$Q_{net,12} = \frac{C_0}{\dfrac{1}{\varepsilon_1} + \dfrac{F_1}{F_2}\left(\dfrac{1}{\varepsilon_2} - 1\right)}\left[\left(\frac{T_1}{100}\right)^4 - \left(\frac{T_2}{100}\right)^4\right]F_1 \tag{10-21}$$

如果两物体中，$F_2 \gg F_1$，则 $\varepsilon_{12} \approx \varepsilon_1$。

例题 10-2　计算在厂房内的蒸气管道外表面每米长的辐射热损失。已知管外保温层的黑度 $\varepsilon_1=0.9$，外径 $d=583\text{mm}$，外壁面温度为 50℃，室温为 20℃。

解：因为蒸气管道是在厂房内，属一个物体被另一个物体包围时的辐射换热。据公式：

$$Q_{net,12} = \varepsilon_{12}C_0\left[\left(\frac{T_1}{100}\right)^4 - \left(\frac{T_2}{100}\right)^4\right]F_1\varphi_{12}$$

$$\varepsilon_{12} = \frac{1}{\dfrac{1}{\varepsilon_1} + \dfrac{F_1}{F_2}\left(\dfrac{1}{\varepsilon_2} - 1\right)}$$

因为管道表面积 F_1 相对于厂房面积 F_2 来说是很小的，所以

$$\frac{F_1}{F_2} \approx 0$$

$$\varepsilon_{12} \approx \varepsilon_1$$

$$\psi_{12} = 1$$

$$Q_{net,12} = \varepsilon_1 C_0\left[\left(\frac{T_1}{100}\right)^4 - \left(\frac{T_2}{100}\right)^4\right]F_1$$

$$q_1 = \varepsilon_1 C_0\left[\left(\frac{T_1}{100}\right)^4 - \left(\frac{T_2}{100}\right)^4\right]\pi d$$

$$= 0.9 \times 5.67 \times \left[\left(\frac{273+50}{100}\right)^4 - \left(\frac{273+20}{100}\right)^4\right] \times 3.14 \times 0.583 = 328\text{W/m}$$

10.3.2 遮热板的辐射传热

减少表面间辐射换热最有效的方法是采用高反射比的表面涂层，或者在辐射表面之间加设防辐射屏。如果在两个进行辐射换热的漫灰表面之间再放置一个不透明的漫灰表面，此时由于这第三个表面的存在而使原有两表面之间的辐射换热量大为较少，这是由于第三个表面对辐射能的屏蔽作用造成的，因而称之为辐射屏。

已知两平板的温度各自均匀分布，且分布等于 T_1 和 T_2，它们的黑度分布为 ε_1 和 ε_2。此时在两平行板之间放入一个平板3，其黑度为 ε_3，那么平板3就成为一块辐射屏（见图10-4）。

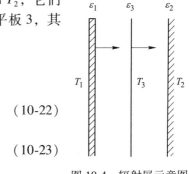

图 10-4 辐射屏示意图

（1）不设遮热板时的传热量：

没有遮热屏时，由两平面的辐射热平衡有：

$$Q_{12} = \varepsilon_{12} C_0 \left[\left(\frac{T_1}{100} \right)^4 - \left(\frac{T_2}{100} \right)^4 \right] F \qquad (10\text{-}22)$$

$$\varepsilon_{12} = \frac{1}{\dfrac{1}{\varepsilon_1} + \dfrac{1}{\varepsilon_2} - 1} \qquad (10\text{-}23)$$

（2）设有遮热板时的传热量：

而加入遮热屏后，稳态时，由两平面的辐射热平衡有：

$$Q'_{12} = \varepsilon'_{12} C_0 \left[\left(\frac{T_1}{100} \right)^4 - \left(\frac{T_2}{100} \right)^4 \right] F \qquad (10\text{-}24)$$

$$\varepsilon'_{12} = \frac{\varepsilon_{13} \varepsilon_{32}}{\varepsilon_{13} + \varepsilon_{32}} = \frac{1}{\dfrac{1}{\varepsilon_{13}} + \dfrac{1}{\varepsilon_{32}}} = \frac{1}{\left(\dfrac{1}{\varepsilon_1} + \dfrac{1}{\varepsilon_3} - 1 \right) + \left(\dfrac{1}{\varepsilon_3} + \dfrac{1}{\varepsilon_2} - 1 \right)} \qquad (10\text{-}25)$$

$$= \frac{1}{\dfrac{1}{\varepsilon_1} + \dfrac{1}{\varepsilon_2} + 2\left(\dfrac{1}{\varepsilon_3} - 1 \right)}$$

（3）净辐射热量的变化：

$$\frac{Q'_{\text{Net},12}}{Q_{\text{Net},12}} = \frac{\varepsilon'_{12}}{\varepsilon_{12}} = \frac{\dfrac{1}{\varepsilon_1} + \dfrac{1}{\varepsilon_2} - 1}{\dfrac{1}{\varepsilon_1} + \dfrac{1}{\varepsilon_2} + 2\left(\dfrac{1}{\varepsilon_3} \right)} \qquad (10\text{-}26)$$

讨论：

1）当平面1和平面2黑度相等时（$\varepsilon_1 = \varepsilon_2 = \varepsilon$），则：

$$\varepsilon'_{12} = \frac{1}{2\left(\dfrac{1}{\varepsilon} + \dfrac{1}{\varepsilon_3} - 1 \right)} \qquad (10\text{-}27)$$

净辐射热量的变化：

$$\frac{Q'_{\text{Net},12}}{Q_{\text{Net},12}} = \frac{\dfrac{2}{\varepsilon} - 1}{2\left(\dfrac{1}{\varepsilon} + \dfrac{1}{\varepsilon_3} - 1 \right)} \qquad (10\text{-}28)$$

从公式可知：ε_3 减小，ε'_{12} 减小，$Q'_{\text{Net},12}$ 减小。

2）当平面和遮热板的黑度相等（$\varepsilon_1 = \varepsilon_2 = \varepsilon_3 = \varepsilon$）时，则：

$$\varepsilon'_{12} = \frac{1}{2\left(\dfrac{2}{\varepsilon} - 1\right)} = \frac{\varepsilon_{12}}{2} \tag{10-29}$$

净辐射热量的变化：

$$\frac{Q'_{\text{Net},12}}{Q_{\text{Net},12}} = \frac{\varepsilon'_{12}}{\varepsilon_{12}} = \frac{\dfrac{\varepsilon_{12}}{2}}{\varepsilon_{12}} = \frac{1}{2} \tag{10-30}$$

可以推论：加入 n 块黑度均为 ε 的遮热板，辐射换热将减少为原来的 $1/(n+1)$。

注意：遮热效果与遮热板的位置无关。

（4）遮热板的应用实例：

1）汽轮机中，用于减少内外套管间的辐射传热；

2）用于低温容器（杜瓦瓶）的隔热保温；

3）用于超级隔热油管；

4）用于提高测温准确度。

10.3.3　遮热罩的辐射传热

遮热罩的辐射传热示意图如图 10-5 所示。

（1）不设遮热罩时净辐射热量为：

$$Q_{\text{Net},12} = \varepsilon_{12} C_0 \left[\left(\frac{T_1}{100}\right)^4 - \left(\frac{T_2}{100}\right)^4\right] F_{12} \tag{10-31}$$

$$\varepsilon_{12} = \frac{1}{\dfrac{1}{\varepsilon_1} + \dfrac{F_1}{F_2}\left(\dfrac{1}{\varepsilon_2} - 1\right)}$$

（2）净辐射热量变化：

$$\frac{Q'_{12}}{Q_{12}} = \frac{\varepsilon'_{12}}{\varepsilon_{12}} = \frac{\dfrac{1}{\varepsilon_1} + \dfrac{F_1}{F_2}\left(\dfrac{1}{\varepsilon_2} - 1\right)}{\dfrac{1}{\varepsilon_1} + \dfrac{F_1}{F_2}\left(\dfrac{1}{\varepsilon_2} - 1\right) + \dfrac{F_1}{F_2}\left(\dfrac{2}{\varepsilon_3} - 1\right)}$$

$$\tag{10-32}$$

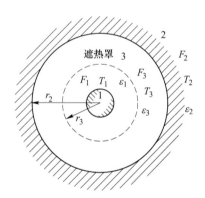

图 10-5　遮热罩的辐射传热示意图

从上式看出：

1）当 $F_1/F_3 =$ 常数，ε_3 减小，Q_{12} 减小；

2）$\varepsilon_3 =$ 常数，F_1/F_3 增大，Q_{12} 减小，即遮热罩越靠近物体 1，其隔热效果越好。

例题 10-3　两平行大平壁之间的辐射换热，温度分别为 1000℃ 和 200℃，平壁的黑度各为 0.8 和 0.5，如果中间加进一块铝箔遮热板黑度为 0.05，试计算两平壁间的辐射换热量及辐射热减少的百分率。

解：加入遮热板后辐射换热

$$q_{12} = \varepsilon'_{12} C_0 \left[\left(\frac{T_1}{100}\right)^4 - \left(\frac{T_2}{100}\right)^4\right]$$

$$\varepsilon'_{12} = \frac{1}{\dfrac{1}{\varepsilon_1} + \dfrac{1}{\varepsilon_2} + 2\left(\dfrac{1}{\varepsilon_3} - 1\right)} = \frac{1}{\dfrac{1}{0.8} + \dfrac{1}{0.5} + 2 \times \left(\dfrac{1}{0.05} - 1\right)} = 0.024$$

两平壁间的辐射换热量为：

$$q_{12} = 0.024 \times 5.67 \times \left[\left(\frac{1000 + 273}{100}\right)^4 - \left(\frac{200 + 273}{100}\right)^4\right] = 3506\text{W/m}^2$$

净辐射热量变化：

$$\frac{q'_{\text{Net},12}}{q_{\text{Net},12}} = \frac{\dfrac{1}{\varepsilon_1} + \dfrac{1}{\varepsilon_2} - 1}{\dfrac{1}{\varepsilon_1} + \dfrac{1}{\varepsilon_2} + 2\left(\dfrac{1}{\varepsilon_3} - 1\right)} = \frac{\dfrac{1}{0.8} + \dfrac{1}{0.5} - 1}{\dfrac{1}{0.8} + \dfrac{1}{0.5} + 2 \times \left(\dfrac{1}{0.05} - 1\right)} = 5.45\%$$

辐射热减少的百分率为：$100\% - 5.45\% = 94.55\%$。

10.4　综合传热计算

传热过程可分为导热、对流换热和辐射传热三种不同的方式，但在工程实际所遇到的传热现象中，往往是两种或三种基本传热方式同时存在的。几种基本传热方式同时起作用的实际传热过程称为综合传热或复合换热。

10.4.1　综合传热方程

对前面介绍的导热、对流换热与辐射三种传热方式，均可以采用下述方程来描述其传热过程，即传热的基本方程式：

$$Q = KF\Delta T = KF(T_1 - T_2) \tag{10-33}$$

式中，Q 为单位时间内通过传热面积传递的热量，W；F 为传热面积，m^2；ΔT 为两传热体的温差，K；K 为传热系数，$\text{W/(m}^2 \cdot \text{K)}$。

对于导热过程：

$$K_c = \lambda/\delta \tag{10-34}$$

对流换热过程：

$$K_d = \alpha \tag{10-35}$$

辐射传热过程：

$$K_r = \varepsilon_w \varepsilon_g C_0 \frac{\left(\dfrac{T_1}{100}\right)^4 - \left(\dfrac{T_2}{100}\right)^4}{T_1 - T_2} \tag{10-36}$$

10.4.2　通过平壁的综合传热

如图 10-6 所示，已知平壁的厚度为 δ，导热系数为 λ，两侧壁面的温度分别为 T_w 和 t_w，平壁两侧流体的温度分别为 T 和 t，在稳定传热情况下，各处温度不随时间而改变，热量穿过平壁由热流体传给冷流体，这种综合传热包括以下三个过程：

（1）温度为 T 的热流体与温度为 T_w 的平壁内表面的对流换热和辐射传热综合传热量计算有：

对流换热量为：

$$Q_d = K_d F(T - T_w) \tag{10-37}$$

辐射换热量为：

$$Q_r = K_r F(T - T_w) \tag{10-38}$$

故总传热量为：

$$Q_1 = Q_d + Q_r$$
$$= K_d F(T - T_w) + K_r F(T - T_w)$$
$$= (K_d + K_r)(T - T_w)F$$
$$= K_{T_1}(T - T_w)F \qquad (10\text{-}39)$$

式中，K_{T_1}、K_d、K_r 分别为总传热系数、对流传热系数和辐射传热系数，$W/(m^2 \cdot K)$。

（2）平壁内外表面间的导热量计算，根据式（10-33）有：

$$Q_2 = K_c F(T_w - t_w) \qquad (10\text{-}40)$$

（3）温度为 t_w 的平壁表面与温度为 t 的流体的对流换热和辐射传热综合传热量计算，与式（10-39）类似可得到：

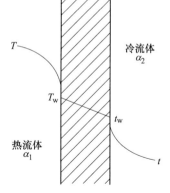

图 10-6   通过平壁的综合传热

$$Q_3 = K_2(t_w - t)F \qquad (10\text{-}41)$$

因是稳定传热，故有 $Q_1 = Q_2 = Q_3 = Q$，联立求解上述三个方程式得：

$$Q = \frac{T - t}{\dfrac{1}{K_1} + \dfrac{1}{K_c} + \dfrac{1}{K_2}}F \qquad (10\text{-}42)$$

令

$$K = \frac{1}{\dfrac{1}{K_1} + \dfrac{1}{K_c} + \dfrac{1}{K_2}} \qquad (10\text{-}43)$$

则

$$Q = K(T - t)F \qquad (10\text{-}44)$$

式中，K 为综合传热系数，表示高温流体对低温流体的传热能力大小，$W/(m^2 \cdot K)$。

例题 10-4   某窑炉的窑墙由耐火黏土砖砌成，厚度为 345mm，已知炉内气体温度 $t_g = 1400℃$，炉外空气温度 $t_a = 25℃$，热气体到内壁的总换热系数 $K_1 = 82W/(m^2 \cdot K)$，外表面到空气的总换热系数为 $K_2 = 23W/(m^2 \cdot K)$，求单位面积通过窑墙向周围空间的散热量。

解： 由于导热系数与温度有关，故设内表面温度 $t_1 = 1350℃$，外表面温度 $t_2 = 200℃$，平均温度为 $t_{av} = 775℃$，在此温度下，黏土砖的导热系数和温度系数可查表，计算如下：

$$\lambda = 0.698 + 0.64 \times 10^{-3} \times 775 = 1.194 W/(m^2 \cdot K)$$

综合传热系数为：

$$K = \frac{1}{\dfrac{1}{K_1} + \dfrac{\delta}{\lambda} + \dfrac{1}{K_2}} = \frac{1}{\dfrac{1}{82} + \dfrac{0.345}{1.194} + \dfrac{1}{23}} = 2.90 W/(m^2 \cdot K)$$

则单位面积通过窑墙散失于空间的热量：

$$q = K(t_g - t_2) = 2.90 \times (1673 - 298) = 3987.5 W/m^2$$

核算窑墙内外表面温度如下：

$$t_1 = t_g - q/K_1 = 1400 - 3987.5/82 = 1351℃$$
$$t_2 = t_a + q/K_2 = 25 + 3987.5/23 = 198℃$$

所得内外壁温度与假设温度接近，误差小于 5%，因此不必另行计算。

复习思考与练习题

10-1 热辐射与导热、对流两种传热方式有什么本质上的区别，热辐射有哪几个基本定律，内容是什么？

10-2 何谓黑体，何谓灰体，何谓白体，它们有何异同之处？

10-3 窗玻璃对红外线几乎不透过，试用维恩偏移定律解释冬天隔着玻璃晒太阳为什么更暖和？

10-4 克希霍夫定律表明：物体的黑度越大，其吸收率也越大。那么，为什么用增加物体黑度的方法达到增强辐射换热的效果？

10-5 分别写出努塞尔数 Nu、雷诺数 Re、普朗特数 Pr、格拉晓夫准数 Gr 的表达式，并说明它们的物理意义。

10-6 何谓"大气温室效应"，为什么减少 CO_2 的排放就可以降低温室效应？

10-7 北方深秋季节，树叶朝上表面更容易结霜，为什么？

10-8 某物体的黑度 $\varepsilon = 0.95$，求温度为 627℃ 时，此物体的辐射力。

10-9 炉墙由三种材料砌成，黏土砖厚为 230mm，轻质黏土砖（$\rho = 1300 kg/m^3$）厚为 113mm，红砖厚为 240mm，10h 等速由 20℃ 上升至 420℃，保温 2h，外表面与空气间的总传质系数为 4W/（$m^2 \cdot K$）。计算保温结束时砌筑体内的温度分布并计算砌筑体的蓄热量。

11 传热过程与换热器

11.1 换 热 器

11.1.1 换热器的类型

换热器是一种能够将两种或两种以上不同温度流体间实现热量传递过程的节能设备，能将热量从较热流体传递给较冷流体，也称作"热交换器"。

根据介质、温度、压力、工况及结构型式不同，换热器的种类也不同，按照其传热原理可以分为三大类：混合式、间壁式、回热式。

混合式换热器结构简单，通过将冷、热两种流体直接混合从而实现热量交换，如图 11-1 所示。这种换热器能够避免管壁以及管壁污垢的热阻，只要流体间接触良好就能有很好的换热速率，但大部分场合下冷热流体不允许直接接触，所以在使用中受到一定限制。冷却塔和气体洗涤塔等属于这类换热器。

回热式换热器，又称蓄热式换热器，如图 11-2 所示。其工作原理是冷、热流体相互交替地流过蓄热室，通过换热面周期地被加热和冷却来进行热量交换。这类设备结构紧凑，耐高温，节省金属，一般适用于放热系数不大的气体之间的换热。

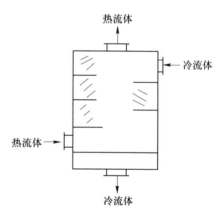

图 11-1　混合式换热器

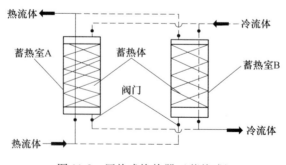

图 11-2　回热式换热器（蓄热式）

间壁式换热器，一般在化工生产中使用较多。通过固体壁面（传热面）将冷、热流体隔开，它们分别在壁面的两侧流动，在这个过程中，从而实现冷热流体的热量交换。这种设备适用于冷热流体不能直接接触的场合，具有结构简单、换热效率高、加工方便等优点。

由于船用热交换器大多数情况下都属于间壁式换热器，因此本章只介绍间壁式换热器的换热特点及相关计算。

11.1.2 间壁式换热器主要类型和结构

间壁式换热器分类较多，按照其传热表面的结构形式可分为管式换热器和板式换热器。

11.1.2.1 管式换热器

管式换热器目前在工程上应用最多，结构坚固，便于制造，适应性强，是以管子作为传热元件的传热设备。常用的管式换热器有壳管式、套管式、肋片管式。

（1）壳管式换热器。壳管式换热器是由圆柱形壳体以及固定在管板上的许多管子构成。在壳体内常设有挡板用来控制管外流体的流速和流向，从而提高传热效果，如图 11-3 所示。

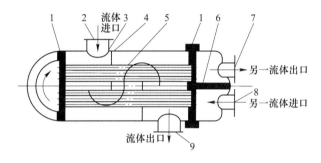

图 11-3 壳管式换热器

1—管板；2，9—壳程进口及出口；3—外壳；4—折流板；5—管子；6—隔板；7，8—管程出口及进口

（2）套管式换热器。套管式换热器是由两根不同直径，同心组装的直管和连接内管的 U 形管构成，即大管套小管。换热时，一流体从较细的内管流过，另一种流体则从内外管的环形通道流过，如图 11-4 所示。有需要时，可以通过将几段套管进行串联排列，从而增大传热面积。但该换热器金属消耗量大，在弯管连接的地方容易发生泄漏。

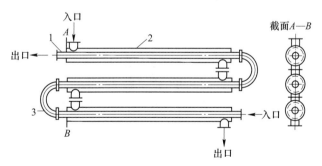

图 11-4 套管式换热器

1—内管；2—外管；3—U 形弯道

（3）肋片管式换热器。肋片管式换热器应用于进行换热两流体的换热系数相差悬殊的情况下。这种换热器是通过加肋片来减小空气侧热阻，使换热器的传热系数增大。如图 11-5 所示，管内水是热流体，管外的空气为冷流体，空气一侧的热阻比水的一侧要大得多。

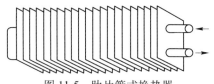

图 11-5   肋片管式换热器

11.1.2.2   板式换热器

板式换热器是由一系列具有一定波纹形状的金属片叠装而成的一种新型高效换热器。与管式换热器相比，板式换热器具有换热效率高、结构轻巧和使用寿命长的优点。它有板翅、平行板和螺旋板等形式，被认为是最具有发展前途的热交换设备之一。

（1）板翅式换热器，结构如图 11-6 所示，它是由隔板、翅片和封条这三个部分组成，在相邻隔板之间设置翅片和封条组成一个夹层，称为通道。把这些夹层根据流动方式叠加，并进行钎焊，即组成板束，如图 11-7 所示。翅片是板翅式换热器的最基本元件，该换热器是通过翅片的导热及翅片与流体之间的对流换热来完成传热过程。

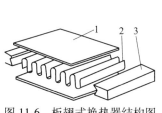 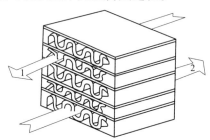

图 11-6   板翅式换热器结构图   图 11-7   逆流板束组合图
1—隔板；2—翅片；3—封条   1—冷流体；2—热流体

（2）平行板式换热器，是由冲压的型板相互叠置，再由两个端板压紧构成。板间有不同的通道，流体在各自的通道流动实现热量交换，板的四角有通道孔，结构如图 11-8 所示。该换热器传热效果好，易于拆卸和清洗，但密封垫片损坏时很容易泄漏，不耐高温。图 11-9 显示了由不同形状型板构成的通道。

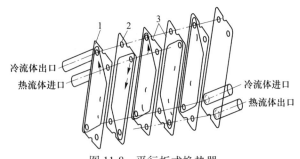

图 11-8   平行板式换热器
1—型板板片；2—通道孔；3—密封垫片

（3）螺旋板式换热器，结构如图 11-10 所示，是由两张平行的金属板卷起形成两个螺旋通道，由上下盖及连接管组成。冷、热流体分别在螺旋通道中流动，在这过程中实现热交换。一流体从中心沿轴方向进入，螺旋流动至周边流出；另一流体则周边流入，螺旋流动至中心流出，两者相反。螺旋通道的污垢形成速度比管壳式快，大约是它的 1/10，单位体积换热面约是管壳式的 3 倍，但螺旋板式换热器清洗和检修困难，承压能力低。

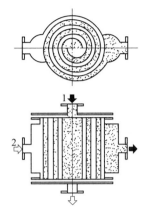

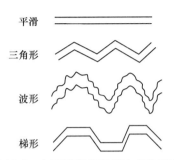

图 11-9　由不同形状型板构成的通道

图 11-10　螺旋板式换热器
1—流体流进中心沿轴，周边流出；
2—另一流体周边流进，中心流出

11.2　传 热 过 程

传热过程就是指热流体在流经固体壁面时将热量传递给冷流体的过程，往往是导热、对流换热和辐射换热三种基本热量传递方式的组合。以下介绍平壁、圆筒壁的传热过程的计算。

11.2.1　通过平壁的传热

如图 11-11 所示，冷、热流体中间被一无限大平壁隔开。其中热流体的温度、壁面温度和总的换热系数分别为 t_{f1}、t_{w1} 和 α_1；冷流体的温度、壁面温度和总的换热系数分别为 t_{f2}、t_{w2} 和 α_2；平壁的侧面积为 F，厚度为 δ，导热系数为 λ。确定热流体传递给冷流体的热流量 Q 以及壁面两侧的温度。

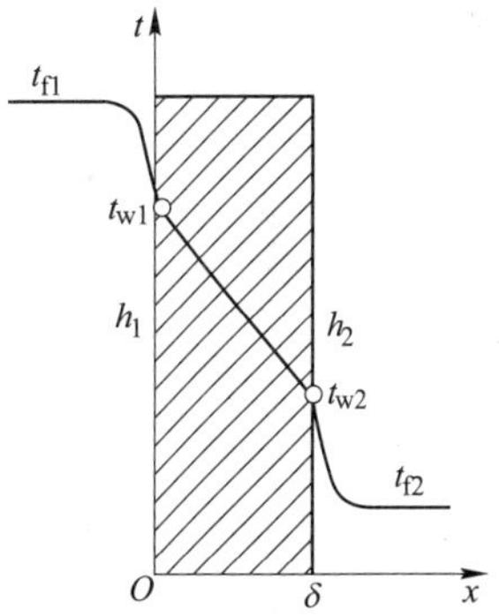

平壁传热主要包含以下几部分的热传递分过程：

（1）热流体对壁面一侧的对流换热量为

$$Q_1 = \alpha_1(t_{f1} - t_{w1})F \tag{11-1}$$

（2）平壁高温侧传给低温侧的导热量为

$$Q_2 = \frac{\lambda}{\delta}(t_{w1} - t_{w2})F \tag{11-2}$$

图 11-11　通过平壁的传热

（3）平壁的另一侧与冷流体的对换热流量为

$$Q_3 = \alpha_2(t_{w2} - t_{f2})F \tag{11-3}$$

在考虑系统传热稳定状态时，有 $Q_1 = Q_2 = Q_3 = Q$，将式（11-1）~式（11-3）移相整理，消去式中的 t_{w1} 和 t_{w2}，得

$$Q = \frac{t_{f1} - t_{f2}}{\dfrac{1}{\alpha_1 F} + \dfrac{\delta}{\lambda F} + \dfrac{1}{\alpha_2 F}} = kF(t_{f1} - t_{f2}) \tag{11-4}$$

由此可以得出壁面单位面积的传热量即热流密度 q（单位为 W/m²），为：

$$q = \frac{Q}{F} = k(t_{f1} - t_{f2}) \tag{11-5}$$

$$k = \frac{1}{\dfrac{1}{\alpha_1} + \dfrac{\delta}{\lambda} + \dfrac{1}{\alpha_2}} \tag{11-6}$$

式中，k 为传热系数，表示冷热流体的温度差值为 1℃ 时，单位传面积在单位时间内所传递的热量，W/(m²·℃)：

由以上各式可以得出

$$t_{w1} = t_{f1} - \frac{Q}{\alpha_1 F}$$

$$t_{w2} = t_{f2} + \frac{Q}{\alpha_{12} F} \tag{11-7}$$

所以式（11-4）可以变成

$$Q = \frac{\Delta t}{1/(kF)}$$

其中

$$\frac{1}{kF} = \frac{1}{\dfrac{1}{\alpha_1 F} + \dfrac{\delta}{\lambda F} + \dfrac{1}{\alpha_2 F}} \tag{11-8}$$

式中，$1/(kF)$ 表示传热热阻，℃/W。

式（11-8）表明了传热热阻是三个分热阻的组合，即壁面的对流换热热阻、壁面的导热热阻以及壁面另一侧的对流换热热阻。热流体的热量传递需要依次经过这三个热阻才能传递给冷流体，这与电流经过三个串联电阻情况类似。

对于多层平壁传热，根据热阻串联，可以推断出其传热热流量 Q（单位为 W）计算公式：

$$Q = \frac{t_{f1} - t_{f2}}{\dfrac{1}{\alpha_1 F} + \sum_{i=1}^{n} \dfrac{\delta_i}{\lambda_i F} + \dfrac{1}{\alpha_2 F}} \tag{11-9}$$

例题 11-1 已知房间墙壁由厚度 240mm 的砖层。已知壁面两侧的温度分别为 $t_{f1} = 20℃$，$t_{f2} = 10℃$，壁面砖墙的导热系数为 $\lambda = 0.95 \text{W}/(\text{m}^2 \cdot ℃)$，室内空气对墙面的表面传热系数为 $\alpha_1 = 8 \text{W}/(\text{m}^2 \cdot ℃)$，室外空气的表面传热系数为 $\alpha_2 = 22 \text{W}/(\text{m}^2 \cdot ℃)$，求热流密度 q。

解：这是有关多层平壁的稳定导热问题，根据式（11-9）得：

$$q = \frac{Q}{F} = \frac{t_{f1} - t_{f2}}{\dfrac{1}{\alpha_1} + \dfrac{\delta}{\lambda} + \dfrac{1}{\alpha_2}} = \frac{20 - 10}{\dfrac{1}{8} + \dfrac{240 \times 10^{-3}}{0.95} + \dfrac{1}{22}} = \frac{10}{0.4231} = 23.64 \text{W/m}^2$$

11.2.2 通过圆筒壁的传热

现有一个单层长圆管，导热系数为 λ，长度为 L，内外直径分别为 d_1、d_2，管内外的换热系数分别为 α_1、α_2，内外侧的流体温度分别为 t_{f1}、t_{f2}。

根据传热热阻是各分热阻之和的概念，以及稳定传热时，热流体对圆管壁的放热量、通过管壁的导热量和圆管壁对冷流体的放热量相等，可以确定 Q。

圆筒壁内侧对流换热热阻为 $1/(\alpha_1 \pi d_1 L)$，圆筒壁外侧对流换热热阻为 $1/(\alpha_2 \pi d_2 L)$，圆筒壁的导热热阻为 $\dfrac{\ln(d_2/d_1)}{2\pi L\lambda}$。所以传热热阻为

$$\frac{1}{k_1 L} = \frac{1}{\alpha_1 \pi d_1 L} + \frac{\ln\dfrac{d_2}{d_1}}{2\pi L\lambda} + \frac{1}{\alpha_2 \pi d_2 L}$$

由该式可以得出

$$Q = \frac{\Delta t}{\dfrac{1}{k_1 L}} = k_1 L\Delta t = \frac{t_{f1} - t_{f2}}{\dfrac{1}{\alpha_1 \pi d_1} + \dfrac{\ln\dfrac{d_2}{d_1}}{2\pi\lambda} + \dfrac{1}{\alpha_2 \pi d_2}} L \tag{11-10}$$

式中，k_1 为单位管长的传热系数：

$$k_1 = \frac{1}{\dfrac{1}{\alpha_1 \pi d_1} + \dfrac{\ln\dfrac{d_2}{d_1}}{2\pi\lambda} + \dfrac{1}{\alpha_2 \pi d_2}}$$

平壁的传热系数是对单位面积而言，而 k_1 是对单位管长的传热系数，这两者不同。在传热的相关问题当中，壁面的几何形状不同，往往传热系数的定义也不同，所以在应用计算时，要注意传热系数的定义。

对于多层圆筒壁，根据管长定义的传热系数为

$$k_1 = \frac{1}{\dfrac{1}{\alpha_1 \pi d_1} + \sum_{i=1}^{n} \dfrac{\ln\dfrac{d_2}{d_1}}{2\pi\lambda} + \dfrac{1}{\alpha_2 \pi d_{i+1}}}$$

例题 11-2 直径为 200mm/216mm 的蒸汽管道，管外包有 60mm 的岩棉保温层。已知管道的导热系数为 $\lambda_1 = 45\text{W}/(\text{m}^2 \cdot ℃)$，岩棉的导热系数为 $\lambda_2 = 0.04\text{W}/(\text{m}^2 \cdot ℃)$；管内的蒸汽温度为 $t_{f1} = 220℃$，管外空气温度为 $t_{f2} = 20℃$，蒸汽与管道壁面的表面换热系数为 $\alpha_1 = 1000\text{W}/(\text{m}^2 \cdot ℃)$，空气与管道外壁面的表面换热系数为 $\alpha_2 = 10\text{W}/(\text{m}^2 \cdot ℃)$。试求单位管长的传热量和保温层外表面的温度。

解： 单位管长的传热系数：

$$k_1 = \frac{1}{\dfrac{1}{\alpha_1 \pi d_1} + \dfrac{\ln\dfrac{d_2}{d_1}}{2\pi\lambda_1} + \dfrac{\ln\dfrac{d_3}{d_2}}{2\pi\lambda_2} + \dfrac{1}{\alpha_2 \pi d_3}}$$

$$= \frac{1}{\dfrac{1}{1000 \times 3.14 \times 0.2} + \dfrac{\ln\dfrac{0.216}{0.2}}{2 \times 3.14 \times 45} + \dfrac{\ln\dfrac{0.216 + 2 \times 0.06}{0.216}}{2 \times 3.14 \times 0.04} + \dfrac{1}{10 \times 3.14 \times (0.216 + 2 \times 0.06)}}$$

$$= 0.539\text{W}/(\text{m}^2 \cdot ℃)$$

因此可算出单位管长的热传量为：

$$q_1 = k_1(t_{f1} - t_{f2}) = 0.539 \times (220 - 20) = 107.8 \text{W/m}^2$$

保温层的外表面温度为：

$$t_{w2} = t_{f2} + \frac{q_1}{\alpha_2 \pi d_3} = 20 + \frac{107.8}{10 \times 3.14 \times 0.336} = 30.22 ℃$$

11.3　传热的增强与削弱

11.3.1　传热的增强

增强传热主要是为了增大传热量，减少换热设备的传热面积，使设备的尺寸减小，降低材料消耗。根据式（11-4）可以得出：

$$q = \frac{Q}{F} = \frac{t_{f1} - t_{f2}}{\dfrac{1}{\alpha_1} + \dfrac{\delta}{\lambda} + \dfrac{1}{\alpha_2}} \tag{11-11}$$

从上述式中，可以看出传热系数 k 的增强有以下基本途径：

（1）降低传热总热阻，即提高传热系数。因为总热阻由三个分热阻串联组成且主要取决于最大分热阻值，所以在分析各串联热阻的数值时，减小其中最大的分热阻才能有效降低总热阻。当三个分热阻相差很小时，则需要同时减小它们的值才能最有效地使总热阻降低。在工业中常用的方法是在表面系数小的一侧装肋片，在肋片基底接触良好的情况下，能有效减小换热热阻。此外，还可以在管道内设置强化圈，提高内壁面一侧的表面传热系数。

（2）加大不同流体的传热温差。可以通过降低冷流体温度和增加热流体温度，也可以使换热面两侧流体的流动逆流，从而使得传热温差增加。

11.3.2　传热的削弱

工程上用常用热绝缘方法来减小管道热量损失以达到保温和节能的目的。因此对热绝缘材料的选择上应该从经济、技术等多方面综合考虑。

对于热绝缘材料来说，它的导热系数不应该很大，通常热绝缘材料的 λ 值不高于 0.23W/(m·℃)。绝缘保温的材料有很多，如天然云母、石棉、软木及玻璃纤维等。

在加装热绝缘层时，应该注意热绝缘层的厚度是否合适。对于平壁，敷设的热绝缘层厚度与传热量成反比，热绝缘层越厚，热阻就越大，保温隔热效果就越好。但管道的热绝缘就与平壁不同，总传热热阻与热绝缘层的厚度就没有线性关系，而是与临界热绝缘直径 d_{cr} 有关。

当管道热绝缘厚度增加，导热热阻增加，热绝缘层外表面的热阻由于外径增大而减小，总的传热热阻不一定增加。对于外径小于 d_{cr} 时，随着热绝缘层的厚度增加，总热阻减小，热损失增大。当外径大于 d_{cr} 时，总热阻随着热绝缘层的厚度增加而增大，热损失减小，才能起到保温绝热的作用。

在保温技术中，临界热绝缘直径是一个十分重要的数值，它的大小与所选择的热绝缘层材料导热系数大小息息相关。

11.4 换热器的热计算

在不考虑表面的散热损失的前提下,冷热流体的热交换量,与热流体放出的热量、冷流体吸收的热量相等。因此,换热器计算的基本公式算出的热量应该相等:

$$Q = KF\Delta t_m$$

$$Q = \dot{m}_1 c_{p1}(i_1 - i_1')$$

$$Q = \dot{m}_2 c_{p2}(i_2 - i_2')$$

式中,i_1、i_2 分别为热流体、冷流体在换热器进口处的温度,℃;i_1'、i_2' 分别为热流体、冷流体在换热器出口处的温度,℃;$\dot{m}_1$、$\dot{m}_2$ 分别为热流体、冷流体的质量流量;c_{p1}、c_{p2} 分别为热流体、冷流体的平均比定压热容。

11.4.1 平均温差 Δt 法

平均温差 Δt 法设计计算如下:

(1)给定换热器的两个入口温度及一个出口温度(热流体或者冷流体的出口温度),根据热平衡方程式求出另一个未知的出口温度。

(2)根据冷流体出入口共四个温度值,可以计算出温差值 Δt_m。如果遇到的换热器不是单纯的顺流或逆流时,需要保持校正系数是合适的数值。

(3)设置换热面,计算出对应的换热系数。

(4)从传热方程计算出传热面积,核算冷热流体两边的流动阻力。

(5)流动阻力过大且不符合设计的要求,应该重新设计指定方案,并重复步骤。

11.4.2 校核计算

对于换热器的校核运算,主要有以下两种:

(1)换热任务指定的情况下,需要校核给定的换热器是否使用。换热器的换热面积和结构尺寸、冷热流体的流动方式、流量,以及入出口的温度一般都会给定,需要校核它的传热速率或者流体出口温度能否满足要求。

(2)当操作条件发生改变时,考察传热速率及冷热流体出口温度的变化情况;或者为了达到指定的工艺条件,需要采取调节措施。

在计算过程中,对于非逆流或者非顺流的换热器,需要考虑温差校正系数的影响,所以需要多次反复得出最后结果。当已知冷热流体的入出口温度,采用对数平均法计算更加方便。有条件时,采用算术平均温差法代替对数平均温差法进行校核运算时,能够比较方便。

> 复习思考与练习题

11-1 传热过程的定义是什么?

11-2 热绝缘层是不是越厚越好?

11-3 传热过程的强化方式有哪些?

11-4 传热系数的定义是什么,其大小说明了什么问题?

11-5 将锅炉保温，使其壁面的热损失不超过 2.4kW/m²，如果保温材料内外表面的温度分别为 1090K 和 480K，试求石棉的厚度应为多少？

11-6 现有一个管式换热器，加水时，水的温度为 180℃，离开时水温为 120℃，油从 80℃ 加热到 120℃，求换热器效率。

11-7 在管式空气加热器中，将空气从 15℃ 加热到 30℃，水进入换热管内时温度为 80℃，离开时，温度为 50℃，总热量为 3×10^4 W，传热系数为 40W/(m²·℃)，求此换热器的面积。

11-8 现有一板式换热器是由钢管制成，钢板厚为 2mm，导热系数为 40W/(m²·℃)。钢板两侧气体的平均温度分别为 50℃ 和 20℃，表面传热系数分别为 75W/(m²·℃) 和 50W/(m²·℃)。求这个换热器的传热系数。

参 考 文 献

[1] 郭煜. 工程热力学与传热学（中英双语版）[M]. 北京：中国石化出版社，2020.

[2] 王志军，袁东升，宋文婷. 工程热力学与传热学（双语）[M]. 2版. 徐州：中国矿业大学出版社，2018.

[3] 李长友. 工程热力学与传热学 [M]. 2版. 北京：中国农业大学出版社，2014.

[4] 黄晓明，刘志春，范爱武. 工程热力学 [M]. 2版. 武汉：华中科技大学出版社，2011.

[5] 章学来. 工程热力学 [M]. 北京：人民交通出版社，2011.

[6] 胡小芳. 工程热力学 [M]. 广州：华南理工大学出版社，2008.

[7] 李长友，钱东平. 工程热力学与传热学 [M]. 北京：中国农业大学出版社，2004.

[8] 陈爱玲. 工程热力学与传热学 [M]. 大连：大连海事大学出版社，2005.

[9] 岳丹婷. 工程热力学与传热学 [M]. 大连：大连海事大学出版社，2002.

[10] 李岳林. 工程热力学与传热学 [M]. 北京：人民交通出版社，1999.

[11] 肖奇，黄苏萍. 无机材料热工基础 [M]. 北京：冶金工业出版社，2010.

附　　录

附录1　饱和水和饱和水蒸气热力性质表（按温度排列）

温度 /℃	压强 /MPa	比体积 /m³·kg⁻¹		比焓 /kJ·kg⁻¹		汽化潜热 /kJ·kg⁻¹	比熵 /kJ·(kg·K)⁻¹	
t	p	v'	v''	h'	h''	γ	s'	s''
0	0.0006112	0.00100022	206.154	−0.05	2500.51	2500.6	−0.0002	9.1544
0.01	0.0006117	0.00100021	206.012	0	2500.53	2500.5	0	9.1541
1	0.0006571	0.00100018	192.464	4.18	2502.35	2498.2	0.0153	9.1278
2	0.0007059	0.00100013	179.787	8.39	2504.19	2495.8	0.0306	9.1014
3	0.000758	0.00100009	168.041	12.61	2506.03	2493.4	0.0459	9.0752
4	0.0008135	0.00100008	157.151	16.82	2507.87	2491.1	0.0611	9.0493
5	0.0008725	0.00100008	147.048	21.02	2509.71	2488.7	0.0763	9.0236
6	0.0009352	0.0010001	137.67	25.22	2511.55	2486.3	0.0913	8.9982
7	0.0010019	0.00100014	128.961	29.42	2513.39	2484	0.1063	8.973
8	0.0010728	0.00100019	120.868	33.62	2515.23	2481.6	0.1213	8.948
9	0.001148	0.00100026	113.342	37.81	2517.06	2479.3	0.1362	8.9233
10	0.0012279	0.00100034	106.341	42	2518.9	2476.9	0.151	8.8988
11	0.0013126	0.00100043	99.825	46.19	2520.74	2474.5	0.1658	8.8745
12	0.0014025	0.00100054	93.756	50.38	2522.57	2472.2	0.1805	8.8504
13	0.0014977	0.00100066	88.101	54.57	2524.41	2469.8	0.1952	8.8265
14	0.0015985	0.00100080	82.828	58.76	2526.24	2467.5	0.2098	8.8029
15	0.0017053	0.00100094	77.91	62.95	2528.07	2465.1	0.2243	8.7794
16	0.0018183	0.0010011	73.32	67.13	2529.9	2462.8	0.2388	8.7562
17	0.0019377	0.00100127	69.034	71.32	2531.72	2460.4	0.2533	8.7331
18	0.002064	0.00100145	65.029	75.5	2533.55	2458.1	0.2677	8.7103
19	0.0021975	0.00100165	61.287	79.68	2535.37	2455.7	0.282	8.6877
20	0.0023385	0.00100185	57.786	83.86	2537.2	2453.3	0.2963	8.6652
22	0.0026444	0.00100229	51.445	92.23	2540.84	2448.6	0.3247	8.621
24	0.0029846	0.00100276	45.884	100.59	2544.47	2443.9	0.353	8.5774
26	0.0033625	0.00100328	40.997	108.95	2548.1	2439.2	0.381	8.5347

温度/℃	压强/MPa	比体积/m³·kg⁻¹		比焓/kJ·kg⁻¹		汽化潜热/kJ·kg⁻¹	比熵/kJ·(kg·K)⁻¹	
t	p	v′	v″	h′	h″	γ	s′	s″
28	0.0037814	0.00100383	36.694	117.32	2551.73	2434.4	0.4089	8.4927
30	0.0042451	0.00100442	32.899	125.68	2555.35	2429.7	0.4366	8.4514
35	0.0056263	0.00100605	25.222	146.59	2564.38	2417.8	0.505	8.3511
40	0.0073811	0.00100789	19.529	167.5	2573.36	2405.9	0.5723	8.2551
45	0.0095897	0.00100993	15.2636	188.42	2582.3	2393.9	0.6386	8.163
50	0.0123446	0.00101216	12.0365	209.33	2591.19	2381.9	0.7038	8.0745
55	0.015752	0.00101455	9.5723	230.24	2600.02	2369.8	0.768	7.9896
60	0.019933	0.00101713	7.674	251.15	2608.79	2357.6	0.8312	7.908
65	0.025024	0.00101986	6.1992	272.08	2617.48	2345.4	0.8935	7.8295
70	0.031178	0.00102276	5.0443	293.01	2626.1	2333.1	0.955	7.754
75	0.038565	0.00102582	4.133	313.96	2634.63	2320.7	1.0156	7.6812
80	0.047376	0.00102903	3.4086	334.93	2643.06	2308.1	1.0753	7.6112
85	0.057818	0.0010324	2.8288	355.92	2651.4	2295.5	1.1343	7.5436
90	0.070121	0.00103593	2.3616	376.94	2659.63	2282.7	1.1926	7.4783
95	0.084533	0.00103961	1.9827	397.98	2667.73	2269.7	1.2501	7.4154
100	0.101325	0.00104344	1.6736	419.06	2675.71	2256.6	1.3069	7.3545
110	0.143243	0.00105156	1.2106	461.33	2691.26	2229.9	1.4186	7.2386
120	0.198483	0.00106031	0.89219	503.76	2706.18	2202.4	1.5277	7.1297
130	0.270018	0.00106968	0.66873	546.38	2720.39	2174	1.6346	7.0272
140	0.36119	0.00107972	0.509	589.21	2733.81	2144.6	1.7393	6.9302
150	0.47571	0.00109046	0.39286	632.28	2746.35	2114.1	1.842	6.8381
160	0.61766	0.00110193	0.30709	675.62	2757.92	2082.3	1.9429	6.7502
170	0.79147	0.0011142	0.24283	719.25	2768.42	2049.2	2.042	6.6661
180	1.00193	0.00112732	0.19403	763.22	2777.74	41760	2.1396	6.5852
190	1.25417	0.00114136	0.1565	807.56	2785.8	28522	2.2358	6.5071
200	1.55366	0.00115641	0.12732	852.34	2792.47	1940.1	2.3307	6.4312
210	1.90617	0.00117258	0.10438	897.62	2797.65	1900	2.4245	6.3571
220	2.31783	0.00119	0.086157	943.46	2801.2	857.7	2.5175	6.2846
230	2.79505	0.00120882	0.071553	989.95	2803	813	2.6096	6.213
240	3.34459	0.00122922	0.059743	1037.2	2802.88	765.7	2.7013	6.1422
250	3.97351	0.00125145	0.050112	1085.3	2800.66	715.4	2.7926	6.0716
260	4.68923	0.00127579	0.042195	1134.3	2796.14	661.8	2.8837	6.0007
270	5.49956	0.00130262	0.035637	1184.5	2789.05	604.5	2.9751	5.9292
280	6.41273	0.00133242	0.030165	1236	2779.08	1543.1	3.0668	5.8564

温度/℃	压强/MPa	比体积/m³ · kg⁻¹		比焓/kJ · kg⁻¹		汽化潜热 /kJ · kg⁻¹	比熵/kJ · (kg · K)⁻¹	
t	p	v'	v''	h'	h''	γ	s'	s''
290	7. 43746	0. 00136582	0. 025565	1289. 1	2765. 81	1476. 7	3. 1594	5. 7817
300	8. 58308	0. 00140369	0. 021669	1344	2748. 71	1404. 7	3. 2533	5. 7042
310	9. 8597	0. 00144728	0. 018343	1401. 2	2727. 01	1325. 9	3. 349	5. 6226
320	11. 278	0. 00149844	0. 015479	1461. 2	2699. 72	1238. 5	3. 4475	5. 5356
330	12. 851	0. 00156008	0. 012987	1524. 9	2665. 3	1140. 4	3. 55	5. 4408
340	14. 593	0. 00163728	0. 01079	1593. 7	2621. 32	1027. 6	3. 6586	5. 3345
350	16. 521	0. 00174008	0. 008812	1670. 3	2563. 39	893	3. 7773	5. 2104
360	18. 657	0. 00189423	0. 006958	1761. 1	2481. 68	720. 6	3. 9155	5. 0536
370	21. 033	0. 0022148	0. 004982	1891. 7	2338. 79	447. 1	4. 1125	4. 8076
371	21. 286	0. 00227969	0. 004735	1911. 8	2314. 11	402. 3	4. 1429	4. 7674
372	21. 542	0. 0023653	0. 004451	1936. 1	2282. 99	346. 9	4. 1796	4. 7173
373	21. 802	0. 002496	0. 004087	1968. 8	2237. 98	269. 2	4. 2292	4. 6458
373. 99	22. 064	0. 003106	0. 003106	2085. 9	2085. 9	0	4. 4092	4. 4092

数据来源：严家，余晓福. 水和水蒸气热力性质图表［M］. 2 版. 北京：高等教育出版社，2004.

附录 2　饱和水和饱和水蒸气热力性质表（按压强排列）

压强/MPa	温度/℃	比体积/m³·kg⁻¹		比焓/kJ·kg⁻¹		汽化潜热/kJ·kg⁻¹	比熵/kJ·(kg·K)⁻¹	
p	t	v'	v''	h'	h''	γ	s'	s''
0.001	6.9491	0.0010001	129.185	29.21	2513.29	2484.1	0.1056	8.9735
0.002	17.5403	0.0010014	67.008	73.58	2532.71	2459.1	0.2611	8.722
0.003	24.1142	0.0010028	45.666	101.07	2544.68	2443.6	0.3546	8.5758
0.004	28.9533	0.0010041	34.796	121.3	2553.45	2432.2	0.4221	8.4725
0.005	32.8793	0.0010053	28.101	137.72	2560.55	2422.8	0.4761	8.393
0.006	36.1663	0.0010065	23.738	151.47	2566.48	2415	0.5208	8.3283
0.007	38.9967	0.0010075	20.528	163.31	2571.56	2408.3	0.5589	8.2737
0.008	41.5075	0.0010085	18.102	173.81	2576.06	2402.3	0.5924	8.2266
0.009	43.7901	0.0010094	16.204	183.36	2580.15	2396.8	0.6226	8.1854
0.01	45.7988	0.0010103	14.673	191.76	2583.72	2392	0.649	8.1481
0.015	53.9705	0.001014	10.022	225.93	2598.21	2372.3	0.7548	8.0065
0.02	60.065	0.0010172	7.6497	251.43	2608.9	2357.5	0.832	7.9068
0.025	64.9726	0.0010198	6.2047	271.96	2617.43	2345.5	0.8932	7.8298
0.03	69.1041	0.0010222	5.2296	289.26	2624.56	2335.3	0.944	7.7671
0.04	75.872	0.0010264	3.9939	317.61	2636.1	2318.5	1.026	7.6688
0.05	81.3388	0.0010299	3.2409	340.55	2645.31	2304.8	1.0912	7.5928
0.06	85.9496	0.0010331	2.7324	359.91	2652.97	2293.1	1.1454	7.531
0.07	89.9556	0.0010359	2.3654	376.75	2659.55	2282.8	1.1921	7.4789
0.08	93.5107	0.0010385	2.0876	391.71	2665.33	2273.6	1.233	7.4339
0.09	96.7121	0.0010409	1.8698	405.2	2670.48	2265.3	1.2696	7.3943
0.1	99.634	0.0010432	1.6943	417.52	2675.14	2257.6	1.3028	7.3589
0.12	104.81	0.0010473	1.4287	439.37	2683.26	2243.9	1.3609	7.2978
0.14	109.318	0.001051	1.2368	458.44	2690.22	2231.8	1.411	7.2462
0.16	113.326	0.0010544	1.09159	475.42	2696.29	2220.9	1.4552	7.2016
0.18	116.941	0.0010576	0.97767	490.76	2701.69	2210.9	1.4946	7.1623
0.2	120.24	0.0010605	0.88585	504.78	2706.53	2201.7	1.5303	7.1272
0.25	127.444	0.0010672	0.71879	535.47	2716.83	2181.4	1.6075	7.0528
0.3	133.556	0.0010732	0.60587	561.58	2725.26	2163.7	1.6721	6.9921

续附录 2

压强/MPa	温度/℃	比体积/m³·kg⁻¹		比焓/kJ·kg⁻¹		汽化潜热/kJ·kg⁻¹	比熵/kJ·(kg·K)⁻¹	
p	t	v'	v''	h'	h''	γ	s'	s''
0.35	138.891	0.0010786	0.52427	584.45	2732.37	2147.9	1.7278	6.9407
0.4	143.642	0.0010835	0.46246	604.87	2738.49	2133.6	1.7769	6.8961
0.5	151.867	0.0010925	0.37486	640.35	2748.59	2108.2	1.861	6.8214
0.6	158.863	0.0011006	0.31563	670.67	2756.66	2086	1.9315	6.76
0.7	164.983	0.0011079	0.27281	697.32	2763.29	2066	1.9925	6.7079
0.8	170.444	0.0011148	0.24037	721.2	2768.86	2047.7	2.0464	6.6625
0.9	175.389	0.0011212	0.21491	742.9	2773.59	2030.7	2.0948	6.6222
1	179.916	0.0011272	0.19438	762.84	2777.67	2014.8	2.1388	6.5859
1.1	184.1	0.001133	0.17747	781.35	2781.21	999.9	2.1792	6.5529
1.2	187.995	0.0011385	0.16328	798.64	2784.29	985.7	2.2166	6.5225
1.3	191.644	0.0011438	0.1512	814.89	2786.99	972.1	2.2515	6.4944
1.4	195.078	0.0011489	0.14079	830.24	2789.37	959.1	2.2841	6.4683
1.5	198.327	0.0011538	0.13172	844.82	2791.46	946.6	2.3149	6.4437
1.6	201.41	0.0011586	0.12375	858.69	2793.29	934.6	2.344	6.4206
1.7	204.346	0.0011633	0.11668	871.96	2794.91	923	2.3716	6.3988
1.8	207.151	0.0011679	0.11037	884.67	2796.33	911.7	2.3979	6.3781
1.9	209.838	0.0011723	0.104707	896.88	2797.58	900.7	2.423	6.3583
2	212.417	0.0011767	0.099588	908.64	2798.66	890	2.4471	6.3395
2.2	217.289	0.0011851	0.0907	930.97	2800.41	1869.4	2.4924	6.3041
2.4	221.829	0.0011933	0.083244	951.91	2801.67	1849.8	2.5344	6.2714
2.6	226.085	0.0012013	0.076898	971.67	2802.51	1830.8	2.5736	6.2409
2.8	230.096	0.001209	0.071427	990.41	2803.01	1812.6	2.6105	6.2123
3	233.893	0.0012166	0.066662	1008.2	2803.19	1794.9	2.6454	6.1854
3.5	242.597	0.0012348	0.057054	1049.6	2802.51	1752.9	2.725	6.1238
4	250.394	0.0012524	0.049771	1087.2	2800.53	1713.4	2.7962	6.0688
5	263.98	0.0012862	0.039439	1154.2	2793.64	1639.5	2.9201	5.9724
6	275.625	0.001319	0.03244	1213.3	2783.82	1570.5	3.0266	5.8885
7	285.869	0.0013515	0.027371	1266.9	2771.72	1504.8	3.121	5.8129
8	295.048	0.0013843	0.02352	1316.5	2757.7	1441.2	3.2066	5.743
9	303.385	0.0014177	0.020485	1363.1	2741.92	1378.9	3.2854	5.6771

压强 /MPa	温度 /℃	比体积 /m³·kg⁻¹		比焓 /kJ·kg⁻¹		汽化潜热 /kJ·kg⁻¹	比熵/kJ·(kg·K)⁻¹	
p	t	v'	v''	h'	h''	γ	s'	s''
10	311.037	0.0014522	0.018026	1407.2	2724.46	1317.2	3.3591	5.6139
11	318.118	0.0014881	0.015987	1449.6	2705.34	1255.7	3.4287	5.5525
12	324.715	0.001526	0.014263	1490.7	2684.5	1193.8	3.4952	5.492
13	330.894	0.0015662	0.01278	1530.8	2661.8	1131	3.5594	5.4318
14	336.707	0.0016097	0.011486	1570.4	2637.07	1066.7	3.622	5.3711
15	342.196	0.0016571	0.01034	1609.8	2610.01	1000.2	3.6836	5.3091
16	347.396	0.0017099	0.009311	1649.4	2580.21	930.8	3.7451	5.245
17	352.334	0.0017701	0.008373	1690	2547.01	857.1	3.8073	5.1776
18	357.034	0.0018402	0.007503	1732	2509.45	777.4	3.8715	5.1051
19	361.514	0.0019258	0.006679	1776.9	2465.87	688.9	3.9395	5.025
20	365.789	0.0020379	0.00587	1827.2	2413.05	585.9	4.0153	4.9322
21	369.868	0.0022073	0.005012	1889.2	2341.67	452.4	4.1088	4.8124
22	373.752	0.002704	0.003684	2013	2084.02	71	4.2969	4.4066
22.064	373.99	0.003106	0.003106	2085.9	2085.9	0	4.4092	4.4092

数据来源：严家，余晓福. 水和水蒸气热力性质图表［M］. 2版. 北京：高等教育出版社，2004.

附录3　空气的物性参数

大气压强（101325 Pa）下干空气的热物理性质

t /℃	ρ /kg·m^{-3}	c_p /kJ·(kg·K)$^{-1}$	λ /×10^{-2}W·(m·K)$^{-1}$	α /×10^{-6}m^2·s^{-1}	μ /×10^{-6}Pa·s	v /×10^{-6}m^2·s^{-1}	Pr	所选温度 /℃	对应密度 /kg·m^{-3}
−50	1.584	1.013	2.04	12.7	14.6	9.23	0.728		1.24
−40	1.515	1.013	2.12	13.8	15.2	10.04	0.728		1.27
−30	1.453	1.013	2.2	14.9	15.7	10.8	0.723		1.28
−20	1.395	1.009	2.28	16.2	16.2	11.61	0.716		1.29
−10	1.342	1.009	2.36	17.4	16.7	12.43	0.712		1.29
0	1.293	1.005	2.44	18.8	17.2	13.28	0.707	3.7	1.28
10	1.247	1.005	2.51	20	17.6	14.16	0.705	0	1.29
20	1.205	1.005	2.59	21.4	18.1	15.06	0.703	22.5	1.20
30	1.165	1.005	2.67	22.9	18.6	16	0.701		1.28
40	1.128	1.005	2.76	24.3	19.1	16.96	0.699	35	1.15
50	1.093	1.005	2.83	25.7	19.6	17.95	0.698		1.26
60	1.06	1.005	2.9	27.2	20.1	18.97	0.696		1.25
70	1.029	1.009	2.96	28.6	20.6	20.02	0.694		1.23
80	1	1.009	3.05	30.2	21.1	21.09	0.692		1.22
90	0.972	1.009	3.13	31.9	21.5	22.1	0.69		1.21
100	0.946	1.009	3.21	33.6	21.9	23.13	0.688	100	0.95
120	0.898	1.009	3.34	36.8	22.8	25.45	0.686		1.16
140	0.854	1.013	3.49	40.3	23.7	27.8	0.684		1.13
160	0.815	1.017	3.64	43.9	24.5	30.09	0.682	146	0.84
180	0.779	1.022	3.78	47.5	25.3	32.49	0.681	181	0.78
200	0.746	1.026	3.93	51.4	26	34.85	0.68		1.03
250	0.674	1.038	4.27	61	27.3	40.61	0.677		0.97
300	0.615	1.047	4.6	71.6	29.7	48.33	0.674		0.91
350	0.566	1.059	4.91	81.9	31.4	55.46	0.676		0.86
400	0.524	1.068	5.21	93.1	33	63.09	0.678		0.80
500	0.456	1.093	5.74	115.3	36.2	79.38	0.687		0.72

大气压力（101325 Pa）下干空气的热物理性质

t /℃	ρ /kg·m^{-3}	c_p /kJ·(kg·K)$^{-1}$	λ /×10^{-2}W·(m·K)$^{-1}$	α /×10^{-6}m^2·s^{-1}	μ /×10^{-6} Pa·s	v /×10^{-6}m^2·s^{-1}	Pr	所选温度 /℃	对应密度 /kg·m^{-3}
600	0.404	1.114	6.22	138.3	39.1	96.89	0.699		0.66
700	0.362	1.135	6.71	163.4	41.8	115.4	0.706		0.59
800	0.329	1.156	7.18	188.8	44.3	134.8	0.713		0.55
900	0.301	1.175	7.63	216.2	46.7	155.1	717		0.52
1000	0.277	1.185	8.07	245.9	49	177.1	0.719		0.48
1100	0.257	1.197	8.5	276.2	51.2	199.3	0.722		0.46
1200	0.239	1.21	9.15	316.5	53.5	233.7	0.724		0.00

数据来源：杨世铭，陶文铨．传热学［M］．4 版．北京：高等教育出版社，2006：559.